Sitzungsberichte
der Akademie der Wissenschaften
der DDR
Mathematik – Naturwissenschaften – Technik

6 N

1984

Friedenskämpfer – Humanist – Wissenschaftler

Zum 100. Geburtstag von Walter Friedrich

AKADEMIE-VERLAG · BERLIN

Sitzungsberichte
der Akademie der Wissenschaften
der DDR
Mathematik–Naturwissenschaften–Technik

Jahrgang 1984 · Nr. 6/N

Friedenskämpfer – Humanist – Wissenschaftler

Zum 100. Geburtstag von Walter Friedrich

AKADEMIE-VERLAG · BERLIN
1984

Laudationes, Vorträge und Biogramm, die
am 1. Dezember 1983 auf dem Festkolloquium
aus Anlaß des 100. Geburtstages von
Walter Friedrich (25. 12. 1883) gehalten wurden.
Veranstaltet wurde das Kolloquium von der
Akademie der Wissenschaften der DDR,
dem Friedensrat der DDR,
der Humboldt-Universität zu Berlin
und dem Rat der Stadt Magdeburg

Herausgegeben im Auftrage
des Präsidenten der Akademie
der Wissenschaften der DDR
von Vizepräsident Prof. Dr. Heinrich Scheel

ISSN 0138–3965
Erschienen im Akademie-Verlag, DDR-1086 Berlin, Leipziger Str. 3–4

Lizenznummer: 202 · 100/66/84
Printed in the German Democratic Republic
Gesamtherstellung: VEB Druckhaus Köthen
LSV 1175
Bestellnummer: 763 444 9 (2010/84/6/N)
00450

Walther Friedrich

Inhalt

Werner Scheler

Laudatio

Sehr geehrte Damen und Herren!
Liebe Kollegen und Genossen!

Am 25. Dezember jährt sich der Geburtstag von Walter Friedrich, Präsident unserer Akademie von 1951 bis 1956, zum 100. Male. Vielen von uns ist er noch in lebhafter Erinnerung – als Wissenschaftler, als Leiter und Lehrer, als Kollege und väterlicher Freund. Durch seine wissenschaftlichen Leistungen erwarb er sich Weltruf. Nach dem 2. Weltkrieg entschied er sich als humanistischer Wissenschaftler ohne zu zaudern für eine antifaschistisch-demokratische Entwicklung. Er wurde aktiver Friedenskämpfer, Repräsentant der Friedenspolitik der Deutschen Demokratischen Republik. Ehrenvolle und verantwortungsvolle Ämter wurden ihm übertragen.

Walter Friedrich wurde am Weihnachtstag 1883 in Magdeburg als Sohn des Ingenieurs Carl Friedrich geboren. Seine Schulzeit verbringt er in Aschersleben am Harz. Er ist kein Musterschüler; Sprachen und Geschichte interessieren wenig, um so mehr aber Naturwissenschaften und Musik. Und das ist in diesen Jahren vielleicht auch verständlich, wenn man daran denkt, was für aufregende Dinge die Physiker gerade entdeckt haben. Allein aus dem Kreise unserer Akademiemitglieder erinnere ich an Kirchhoff und Bunsen, die Begründer der Spektralanalyse, an Heinrich Hertz, den Entdecker der elektromagnetischen Wellen, und an Robert Röntgen als Entdecker der nach ihm benannten Strahlen. Hervorragende Physiker wie Max Planck, der die Entwicklung der Physik durch die Entdeckung des Wirkungsquantums entscheidend beeinflußte, oder Arnold Sommerfeld, Erwin Schrödinger und Max von Laue, die unserer Akademie in der Folgezeit angehören sollten, beeinflussen mit ihren Forschungen wesentlich den späteren Weg Walter Friedrichs als Naturwissenschaftler.

Aber da ist auch die Musik; Walter Friedrich liebt die Geige und träumt davon, Musiker zu werden. So etwas macht einem Vater Sorgen, zumal der Sohn zweimal das Klassenziel nicht erreicht. Der kluge, aber auch vermögende Vater schenkt seinem Sohn einen Röntgenapparat, eine – wie es sich herausstellte – den Lebensweg Walter Friedrichs bestimmende Handlung. Die Geige ist dennoch nicht vergessen, ihr bleibt Walter Friedrich sein Leben lang treu. Doch der Zauber der Strahlen ist größer. Dazu kommt das Erfolgserlebnis, wenn man einem Arzt zeigen kann, wie und wo ein Knochen gebrochen ist.

Walter Friedrich besteht schließlich das Abitur und widmet sich dem Studium der Physik. In München gelingt ihm 1912 sein erster großer Erfolg: Nach Anregungen Max v. Laues baut er eine Versuchsanlage auf, die es ihm bald ermöglicht, als erster Röntgenstrahlinterferenzen von Kristallen nachzuweisen. Diese experimentelle Entdeckung, ein Ergebnis der Zusammenarbeit mit Max v. Laue und Paul Knipping, bringt den Beweis, daß Röntgenstrahlen elektromagnetischer Natur sind, und daß Kristalle aus einer dreidimensionalen periodischen Anordnung von Atomen bestehen. Max v. Laue erhält dafür 1914 den Nobelpreis, in den er Walter Friedrich bewußt einbezogen wissen will. Die Entdeckung führt zu einer sprunghaften methodischen Bereicherung naturwissenschaftlicher Disziplinen, besonders der Physik, Chemie und dann auch der Biologie und der Medizin und erschließt neue Erkenntnisse auf diesen Gebieten. Als Beispiel sei die Strukturaufklärung von organischen und anorganischen Substanzen genannt. 1912 wurde der strukturelle Aufbau von einfachen Kristallen erkannt. Heute lassen sich die Konformationen von höchst komplizierten organischen Substanzen und Makromolekülen, z. B. von Polypeptiden, Eiweißen und Nucleinsäuren mit verfeinerten Techniken, die auf jenem Prinzip beruhen, aufklären.

In der unmittelbaren Nähe seiner Lehrer Röntgen und Sommerfeld, bleibt Walter Friedrich nicht lange. Welche Gründe letztlich entscheidend für den Wechsel sind, den er vollzieht, ist nicht mit Sicherheit zu sagen. 1914 geht Walter Friedrich für die nächsten neun Jahre zu Krönig nach Freiburg im Breisgau an die Universitätsfrauenklinik. 1917 wird er hier Privatdozent, 1921 Professor für Physik. Für Krönig, der schon seit 1904 auf dem Gebiet der Röntgen- und Radiumstrahlentherapie arbeitet, sind es Einsicht und Gewißheit, daß erst die enge Zusammenarbeit von Medizinern, Physikern, Chemikern und Biologen den notwendigen Fortschritt in einer bis dahin recht empirisch betriebenen Medizin zu gewährleisten vermag. In diese interdisziplinäre Zusammenarbeit wird also der Physiker Walter Friedrich einbezogen. Das sollte fortan mitbestimmend für seinen weiteren Lebensweg und seine Arbeit in der Medizin werden. Die möglichst exakte Bestimmung der Dosis-Wirkungs-Beziehungen bei der Anwendung von Röntgen- und Radiumstrahlen auf biologische Objekte wird zum wesentlichen Arbeitsgebiet Walter Friedrichs, welches auch in den nächsten 40 Jahren immer wieder sein Interesse beansprucht, ein Arbeitsgebiet, das er ausbaut und vervollkommnet. Die Probleme der Dosimetrie bei der Therapie mit ionisierender Strahlung wurden damals allgemein – nicht nur in Deutschland, sondern in allen Ländern – stark unterschätzt. Erst die Röntgen- und Radiumstrahlendosimetrie und parallel dazu die Erforschung der biologischen Wirkung ionisierender Strahlungen ermöglichte nach und nach ein gefahrloseres Arbeiten bei der Anwendung dieser Strahlen.

1922 wird der nun fast vierzigjährige prominente Spezialist an die Berliner Universität als erster Ordinarius für medizinische Physik und Leiter eines speziellen Instituts, des Instituts für Strahlenforschung, berufen. Seine erfolgreiche wissenschaftliche Arbeit wird auf vielfältige Weise anerkannt: So als Präsident großer wissenschaftlicher Gesellschaften oder als Dekan der medizinischen Fakultät (übrigens besonders bemerkenswert, da er kein Arzt ist).

Unsere Akademie wählt Walter Friedrich im Februar 1949 zu ihrem Ordentlichen Mitglied. Im gleichen Jahr übernimmt er das Rektorat der Humboldt-Universität zu Berlin, welches er bis 1952 innehat. 1951 wird er zum Präsidenten der Akademie gewählt. In die Jahre seiner Präsidentschaft fallen so bedeutsame Ereignisse wie die 2. Parteikonferenz und der IV. Parteitag der SED. Die Akademie bekennt sich in einer Sondersitzung des Plenums im Januar 1953 zum Aufbau der Grundlagen des Sozialismus in der DDR. Ansätze der Planung der Wissenschaft, Entwicklung des Potentials der Akademie, Hinwendung zu Forschungen von volkswirtschaftlicher Bedeutung, Ausbau der wissenschaftlichen Verbindungen zur UdSSR und zu anderen sozialistischen Bruderländern sind einige Stichworte, die die Arbeit der Akademie in der Amtszeit Walter Friedrichs kennzeichnen. Nach seinem Ausscheiden als Präsident im Jahre 1956 ist er bis 1958 einer ihrer Vizepräsidenten, und er gehört bis 1963 dem Präsidium der Akademie an. Walter Friedrich hat die Wissenschaft nicht als esoterische Institution verstanden, im Gegenteil, er bekennt sich zur gesellschaftlichen Verantwortung des Wissenschaftlers. Als einer der ersten deutschen Wissenschaftler tritt er Anfang 1949 als Vertreter der deutschen Friedensbewegung an die Öffentlichkeit. Mit seinem Namen sind viele Initiativen in Form von Aufrufen, Briefen, Vorträgen und Appellen zur Vernunft, zur friedlichen Zusammenarbeit, zur Abrüstung verbunden. 1950 wird er Vorsitzender des Deutschen Friedenskomitees (später Präsident des Friedensrates). 1959 wählt ihn der Weltfriedensrat zu einem seiner Vizepräsidenten. Viele Vorschläge Walter Friedrichs aus jener Zeit sind heute, angesichts des Hochrüstungs- und Konfrontationskurses der NATO, insbesondere der USA, von hoher Aktualität.

Die Motive für sein aktives Eintreten für den Frieden mögen auf drei Einsichten beruht haben:

1. Als Physiker kannte er die furchtbaren Wirkungen atomarer Waffen und als Strahlenbiologe wußte er, daß diese Wirkungen über genetische Effekte sich nicht auf die unmittelbar betroffene Generation beschränken würden. Er fühlte sich verantwortlich für die Folgen einer verbrecherischen Anwendung einer Wissenschaft, die er selbst durch entscheidende Ergebnisse bereichert hatte.

2. Er hatte zwei Weltkriege erlebt, und es war für den klarsichtigen Wissenschaftler leicht, auf die apokalyptischen Konsequenzen eines 3. Weltkrieges zu extrapolieren. Er fühlte sich verpflichtet, nun nicht mehr zu schweigen.

3. Er sah damals mit Sorge, daß die Einbeziehung der BRD in die NATO große Gefahren für eine friedliche Zukunft heraufbeschwor.

Deshalb ehren wir Walter Friedrich nicht nur als hervorragenden Wissenschaftler und engagierten Hochschullehrer, sondern auch als Persönlichkeit, die immer dann ihre Stimme erhob, wenn konkrete Vorschläge zur Entspannung, zur Abrüstung oder zur vertraglichen Regelung zwischen beiden deutschen Staaten oder zur Zusammenarbeit zwischen Staaten unterschiedlicher Gesellschaftsordnungen in der Welt vorlagen bzw. notwendig wurden; so mit seinem Referat während einer Tagung des Weltfriedensrates im Jahre 1959.

Hier führt er u. a. aus: „Als Deutsche haben wir allen Grund, ein Schulbeispiel der Verständigung und Entspannung abzugeben ... Wenn man die europäische Gefahrenzone unter die Lupe nimmt, ist es jedoch ungenau, von Deutschland als einer Einheit zu sprechen. Die Deutsche Demokratische Republik, in der ich lebe, kann nicht in einem Atemzug mit der Bundesrepublik genannt werden. Die beiden Teile Deutschlands unterscheiden sich nicht nur als Staatsgebilde, sondern auch in ihrem Verhältnis zu Krieg und Frieden. In der Deutschen Demokratischen Republik werden Staat und Wirtschaft nicht mehr von denen beherrscht, die deutscherseits für zwei Weltkriege verantwortlich gewesen sind. Dort kann auch niemand mehr mit dem Krieg ein Geschäft machen. Niemand, der am Krieg Interesse haben könnte, ist dort in verantwortlicher Stelle! ... Solange auch nur ein Teil Deutschlands das Wettrüsten vor allem auf dem Gebiet der Kernwaffen forciert, ist die Abrüstung in Mitteleuropa unmöglich, und nicht nur Deutschland, sondern die Welt schwebt in Existenzgefahr ..."

Diese Worte Walter Friedrichs bestechen in ihrer Klarheit und Aktualität.

Einem Vermächtnis auch gleichen in diesem Zusammenhang seine Worte, daß „Wissenschaftler und Arbeiter ... eng zusammenwirken (müssen), wenn wir die Probleme unserer Zeit lösen wollen, wenn wir erreichen wollen, daß unser Leben schöner, reicher und lebenswerter wird. Das Wichtigste, was wir hierfür brauchen, ist der Frieden."

Sehr verehrte Anwesende!

Walter Friedrich, ein weit geachteter Forscher und Gelehrter, wurde mit seinem Bekenntnis und seinem aktiven Eintreten für den ersten deutschen Arbeiter-und-Bauern-Staat und dessen Friedenspolitik ein Wegweiser für viele Angehörige der älteren Intelligenz und Vorbild für eine jüngere Wissenschaftlergeneration.

Sein Leben und Wirken sind Beispiel, wie sich in einer bedeutenden Persönlichkeit Wissenschaft und Politik zu einer untrennbaren Einheit zum Wohle der Menschen verbinden können. Walter Friedrich, geehrt als „Hervorragender Wissenschaftler des Volkes", bleibt für uns, die wir manche Strecke des Weges mit ihm gegangen sind, und gewiß auch für diejenigen, die ihn nicht mehr persönlich kennenlernen durften, ein Mensch, der sich um das Ansehen unseres Friedensstaates und um unsere Akademie bleibende Verdienste erworben hat.

Günther Drefahl

Laudatio

Sehr geehrte Damen und Herren!

In Abwandlung des Wortes von den Büchern von heute, die die Taten von morgen sind, könnte man das Beispiel herausragender Persönlichkeiten oft als Vorläufer und Auslöser für herangereifte gesellschaftliche Erscheinungen und Bewegungen bezeichnen.

Prof. Walter Friedrich, dessen 100. Geburtstages wir in diesem Jahr gedenken, war eine solche beispielgebende, inspirierende und mobilisierende Persönlichkeit in unserer Zeit.

Wir ehren ihn über seine bahnbrechenden wissenschaftlichen Leistungen hinaus als einen Menschen, der profilgebend in der Geschichte der deutschen Friedensbewegung wirkte. Wir ehren in ihm den ersten und langjährigen Präsidenten unseres Friedensrates der DDR, dem er in der Zeit von 1950 bis zu seinem Tode 1968 vorstand.

Sein herausragendes Friedensengagement als Forscher, als Hochschullehrer und Humanist verdient unseren höchsten Respekt, unsere Würdigung und vor allem eine aktive Nutzanwendung seines Vermächtnisses durch unsere Generation aus Pflicht und Verantwortung für Gegenwart und Zukunft.

Walter Friedrichs Jugend vollzog sich noch in einer Zeit, in der Kriegsverherrlichung und Kriegswilligkeit als selbstverständliche, sogenannte vaterländische Attribute im Volk gezüchtet wurden. Er erlebte jedoch mit dem ersten Weltkrieg sowie mit der Zeit des Faschismus und dem zweiten Weltkrieg die Folgen dieser Deformationen menschlicher Existenz. Er grenzte sich gegen den Ungeist des Faschismus und der Entmenschlichung des Menschen ab.

Vor allem gehörte er zu jenen Wissenschaftlern, die nach 1945 mit sich selbst ehrlich ins Gericht gingen. „Man hat uns akademischen Lehrern häufig den Vorwurf gemacht", erklärte er 1949, „geschwiegen und damit nicht verhindert zu haben, daß unser Volk den Weg durch Krieg ins Unglück ging. Lassen Sie deshalb uns gemeinsam jetzt das tun, was die Verantwortung unserem Volk gegenüber uns gebietet."

Walter Friedrich gehörte mit zu jenen, aus deren Mitte das Gelöbnis kam, alles zu tun, daß von deutschem Boden nie wieder ein Krieg seinen Ausgang nehmen kann. In diesem Sinne wandte er sich zur Unterstützung des I. Weltfriedenskongresses in Paris und Prag Ende März 1949 an die Rektoren der deutschen Universitäten und Hochschulen und bezeichnete es angesichts der – wie er schrieb – „Verknüpfung unseres Schicksals mit der Erhaltung des Friedens" als Pflicht, „unseren Beitrag dafür zu leisten, daß der Welt weiteres Unglück erspart wird."

Bereits 1951 warnte er in einer Erklärung namens der Deutschen Akademie der Wissenschaften zu Berlin mit eindringlichen Worten vor der Gefahr eines dritten Weltkrieges. Seine Mahnungen haben sicher ihren Teil zu dem späteren historischen Appell der Göttinger Achtzehn beigetragen.

In Anbetracht dessen, was die derzeitige USA-Administration der Welt und insbesondere den Europäern als Schachfiguren und Geiseln ihrer Hochrüstungs-, Weltherrschafts- und nuklearen Abenteuerpolitik zumutet, haben Prof. Friedrichs Worte heute erst recht ein Höchstmaß an Aktualität erlangt.

Denn wer die Tatsachen unvoreingenommen und unbeeinflußt von den massiven Täuschungsmanövern USA-höriger westlicher Politiker analysiert, muß zu dem Schluß kommen: Es gibt keine Außenpolitik der USA als Beitrag zum friedlichen Zusammenleben der Völker, sondern nur eine Militärpolitik in globalen Dimensionen. Es gibt keinen politischen Willen für positive Verhandlungen zur Bewahrung oder gar Fortführung des Entspannungsprozesses und vor allem zur Abrüstung, sondern den erklärten Willen der Reagan-Regierung, mit neuen Massenvernichtungswaffen und neuen Strategien die Welt zu dominieren.

Zur Durchsetzung ihrer Weltherrschaftsansprüche entwickeln und installieren sie neue atomare und chemische Waffensysteme, propagieren Strategien eines führbaren, begrenzbaren oder gar gewinnbaren Atomkrieges, dehnen die Dimension der Kriegführung in den Weltraum und auf alle Ozeane aus und treiben eine Politik der militärischen Intervention und der Einmischung in innere Angelegenheiten gegen jene Staaten, die sich ihrem Diktat widersetzen. Sie blockieren laufende Verhandlungen und stellen bestehende Verträge in Frage.

Es ist eine menschenfeindliche Politik und zugleich illusionär, denn das Kräfteverhältnis in der Welt hat sich verändert zugunsten der Kräfte des Friedens.

Ich folge dem Verständnis Walter Friedrichs für die Verantwortung jedes Einzelnen für den Frieden, wenn ich sage: Wer Reagan auf diesem Wege folgt, diese Politik unterstützt, ja sie auch nur stillschweigend toleriert, baut mit an der Gefährdung der Existenz der Menschheit und ihrer Kultur. Denn es gibt ja Wege, die von der Vernunft und der Verantwortung bestimmt werden, gangbare Wege, so wie sie Erich Honecker auf der jüngsten Tagung des ZK der SED dargelegt hat und denen wir voll zustimmen.

Prof. Friedrich kam aus bürgerlichem Hause und bürgerlicher Umgebung. Er hat nie für sich in Anspruch genommen, ein Marxist-Leninist zu sein. Im

Gegensatz zu manchem seiner Zeitgenossen ließ er seinen Blick jedoch nie von antikommunistischen oder antisowjetischen Vorurteilen trüben.

Als ihn einer seiner früheren Fachkollegen aus dem Mitarbeiterstab Röntgens, der spätere berühmte sowjetische Physiker George Joffé 1921/22 besuchte, war Friedrich äußerst beeindruckt von dessen Aussage, die Regierung der jungen Sowjetmacht vertrete die Ansicht, daß für den Aufbau eines Staates die Wissenschaft an erster Stelle stünde und deshalb mit allen Mitteln zu fördern sei.

1947 trat ihm die Wissenschaftsfreundlichkeit der Sowjetunion erneut in Gestalt sowjetischer Offiziere gegenüber, die Unterstützung für den Wiederaufbau seines vom Krieg zerstörten Berliner biophysikalischen Instituts anboten. Ihre respektvolle Wertschätzung für die Rolle der Wissenschaft erinnerten ihn an die einstigen Worte Joffés. Ohne Zögern nahm er dieses Angebot mitten im antisowjetischn Propagandagetöse des kalten Krieges an und sagte eine Offerte aus Marburg ab.

Diese Freiheit zu objektiver Wertung sozialistischer Gesellschafts- und Friedenspolitik, der geschichtlichen Rolle der Sowjetunion und der Richtigkeit und Notwendigkeit deutsch-sowjetischer Freundschaft hat er sich durch keinerlei antikommunistisch-abendländische Lockrufe oder Pressionsversuche aus der westlichen Hemisphäre je rauben oder beeinträchtigen lassen.

Es ist ganz in seinem Sinne, im Einsatz für das Leben der Menschen und die weitere Existenz unserer Welt dem gefährlichen Irrationalismus antikommunistischer Kreuzzugsdoktrinen der derzeitigen USA-Führungsgruppe entgegenzutreten und der für Frieden und Leben auf der ganzen Welt verantwortungsvoll eintretenden Politik der UdSSR und der ganzen sozialistischen Staatengemeinschaft Zustimmung und Unterstützung zu zollen.

Wenn wir heute der Persönlichkeit Walter Friedrichs gedenken, dann gilt ein besonders dankbares Wort der überragenden Integrationsfähigkeit dieses Mannes. Dank der hohen Anerkennung, die er als international berühmter Physiker, als genialer Experimentator, als Experte auf verschiedenen medizinischen Gebieten, als Forscher, Gelehrter und Humanist genoß, aber auch dank seiner musischen Empfindsamkeit, seiner Selbstdisziplin und seines Humors, die zusammen die starke Ausstrahlungskraft seiner Persönlichkeit ausmachten, vermochte er Menschen unterschiedlicher sozialer Herkunft und politischer Gesinnung, verschiedener weltanschaulicher oder religiöser Positionen, Vertreter der Wissenschaft und des Geisteslebens, Arbeiter und Bürgerliche, Angehörige der älteren Generation ebenso wie junge Menschen, Funktionäre des sich entwickelnden, gesellschaftlichen Neuen als auch Träger althergebrachter Traditionen anzusprechen, um sich zu scharen und für gemeinsame Friedensanstrengungen zu gewinnen. Gerade in der Nachkriegszeit und beim Neubeginn in unserem Land wurde er für Hunderttausende Menschen eine Orientierung gebende Bezugsperson. So verhalf er vielen zu neuer Hoffnung, zu Optimismus und, was noch mehr bedeutet, zur Tatbereitschaft.

Die Gemeinsamkeit der Friedenskräfte, die in der Zeit der Präsidentschaft von Professor Friedrich in unserem Friedensrat entscheidende Impulse erhielt, wurde in unserer Deutschen Demokratischen Republik, aufbauend auf unseren gesellschaftlichen Bedingungen, und mit ihrer Entwicklung zur heutigen allumfassenden Normalität. Westlich unserer Grenzen erfuhr dieses Streben jedoch damals schon obrigkeitliche Unterdrückung, Verdächtigung und Diffamierung. Um so beeindruckender ist es, daß sich diese Friedensbewegung heute weltweit im Bewußtsein gemeinsamer Betroffenheit zu einer machtvollen und einflußreichen Volksbewegung entwickelt hat, die aktiv und unabweisbar auf die Geschicke der Völker Einfluß zu nehmen versteht.

Die Entwicklung der Friedensbewegung vollzieht sich jedoch stets in der Dialektik von Einheit und Vielfalt. Die Integrationskraft Walter Friedrichs wurde keinesfalls geschwächt, sondern vielmehr gestärkt dadurch, daß er seine Spezifik als Wissenschaftler, als Physiker, in das Ringen um den Frieden beispielgebend einbrachte.

Er wußte, wie nur wenige seiner Zeitgenossen, detailliert um die Wirkung von Strahlen auf den menschlichen Organismus und damit um die zerstörerischen Folgen der militärischen Anwendung nuklearer Energieentladungen. Bereits in seinem Appell zur Jahreswende 1954/55 warnte er vor dem Wettrüsten, das – wie er sagte – nur dazu führen kann, daß im Herzen Europas ein Atomkrieg entfesselt würde mit allen Folgen, die ihm als Physiker nur allzu deutlich vor Augen standen. „Was bliebe dann von Deutschland nach einem solchen Krieg, was bliebe von der abendländischen Kultur?" fragte er sorgenvoll. Er vermochte weit über die katastrophalen Vorgänge von Hiroshima und Nagasaki hinauszublicken und als sachkundiger Warner auf die Gefahren nuklearer Eskalationen aufmerksam zu machen.

Wir erleben heute, welchen Rang das fachspezifische Engagement von Experten in der großen Gemeinschaft aller Streiter für den Frieden einnimmt und welchen Einfluß es auszuüben vermag. Ärztekomitees für die Verhütung eines Nuklearkrieges, Wissenschaftler für den Frieden, speziell Naturwissenschaftler gegen die Atomkriegsgefahr, Schriftsteller, Pädagogen, Künstler für den Frieden, Gewerkschaftler für Arbeit statt Raketen, Kirchensynoden und Bischofskonferenzen im Friedensengagement, ja selbst ehemalige NATO-Generale erheben ihre Stimme für Frieden und Abrüstung. Sie alle untersuchen, ähnlich wie Walter Friedrich es tat, von den spezifischen Aspekten ihrer Fachbereiche aus die Frage nach Krieg und Frieden, Rüstung und Abrüstung, die Möglichkeiten vernunftvollen Überlebens anstelle eines Abgleitens in die Vernichtung. Wenn auf diese Weise die verschiedenartigsten Motivationen des Eintretens für den Frieden erarbeitet und dargelegt werden, dann ist dies eine Hilfe für jeden einzelnen von seinem jeweiligen

Kenntnis- oder Erfahrungsbereich her, die eigene Standortbestimmung zu treffen.

Wir haben gelernt, dies als eine Dialektik der Wirklichkeit zu begreifen und so konstruktiv wie möglich für das große gemeinsame Friedensanliegen zu nutzen.

Walter Friedrich war – und dies dürfte ein Hauptaspekt unserer Laudatio zu seinem 100. Geburtstag sein – bereits von den Anfängen unserer Deutschen Demokratischen Republik an ein Repräsentant der Einheit von Friedensbewegung und sozialistischem Staat in unserem Lande. Er gehörte mit zu jenen verantwortungsbewußten bürgerlichen Persönlichkeiten wie Professor Brugsch, Professor Correns und anderen, die gemeinsam mit der Partei der Arbeiterklasse und ihren Repräsentanten – an der Spitze Wilhelm Pieck – dem Willen nahezu aller Menschen im damaligen Nachkriegsdeutschland Rechnung tragend, die breite Volksbewegung für Einheit und gerechten Frieden unterstützten.

Diese Bewegung stellte sich entschieden allen westlichen Restaurationsakten entgegen und wurde dann auch zur demokratischen Basis der Gründung unserer Deutschen Demokratischen Republik, die vom ersten Augenblick an auf dem soliden Fundament des gemeinsamen Friedenswillens gegründet und verankert ist.

Das allen gemeinsame Anliegen unserer Friedenspolitik faßte Walter Friedrich 1954 zum Weltfriedenstag in Anknüpfung an die Lehren der Geschichte in folgende Formel zusammen: „Jeder Versuch, uns auf Kosten anderer Völker Vorteile zu sichern, wird scheitern. Wir wollen als Deutsche nicht über, aber auch nicht unter anderen Völkern stehen. Wir wollen gutmachen, was wir in der Vergangenheit oft Schlechtes über andere Völker und andere Länder gebracht haben. Die beste Wiedergutmachung aber ist die Abkehr von der Politik des Krieges und die Schaffung fester Voraussetzungen dafür, daß ganz Deutschland ein Land des Friedens wird."

Diese Einheit von Frieden und sozialistischem Staat an der Spitze des Friedensrates der DDR zu repräsentieren und in Aktivitäten umsetzen zu dürfen, war Walter Friedrich stets Ehre und Freude zugleich. Indem wir diese unter seiner Präsidentschaft gewachsene Einheit heute weiter pflegen und bewahren, ehren wir Walter Friedrichs Andenken und Vermächtnis. Wir führen es weiter unter der Devise: Je stärker der Sozialismus, desto sicherer ist der Friede.

Um das Friedenswirken von Professor Friedrich angemessen zu würdigen, muß man auch die Ausstrahlungskraft seines international wohlbeachteten Zeugnisses für unseren ersten sozialistischen Friedensstaat hervorheben. Während sich die Regisseure des kalten Krieges damals noch mit Vehemenz bemühten, die demokratische Entwicklung in diesem Teil Deutschlands und die Existenz unserer Deutschen Demokratischen Republik zu leugnen oder zu verunglimpfen, wurde das imponierende Bekenntnis eines in seiner Redlichkeit und Unbestechlichkeit so bekannten Wissenschaftlers wie Walter Friedrich zu diesem, unserem Staat für nicht wenige einflußreiche Persönlichkeiten des Auslands geradezu zu einer Offenbarung.

Er war ein hochverdienter Emissär unseres sozialistischen Friedensstaates. Namhafte sowjetische Gelehrte wie der damalige Präsident der Akademie der Wissenschaften der UdSSR, Professor Nesmejanow, oder der französische Atomforscher und erste Präsident des Weltfriedensrates, Professor Joliot-Curie, oder der bekannte USA-Gelehrte Linus Pauling fanden in Professor Friedrich einen Partner, zu dem sie nach allem, was von den Faschisten im Namen Deutschlands verübt worden war, wieder Vertrauen fassen konnten. Im Zeugnis dieses Mannes erkannten viele die Früchte der gesellschaftlichen Neubesinnung und Neuentwicklung in unserem Lande. So erfuhr Professor Friedrich die hohe Ehre, zu einem der Vizepräsidenten des Weltfriedensrates gewählt zu werden.

An zahlreichen internationalen Friedenskongressen nahm er teil. Man schätzte international ganz besonders seine Gabe, die Resultate sehr differenzierter Debatten und Meinungen in konsensfähige Formulierungen zu fassen und dadurch wesentliche Beiträge zu konstruktiven Ergebnissen solcher Foren der sich formierenden Weltfriedensbewegung zu leisten.

Lassen Sie mich hervorheben: Es ist ein gutes Gefühl, in der Ehrenbezeugung für diesen Repräsentanten gerade des Anfangsweges unserer Friedensbewegung in der DDR und für diesen verdienstvollen Förderer und Mitträger auch der Weltfriedensbewegung von den Hauptlinien seines Friedenswirkens her nachweisen zu können, daß sie sich in den Strömungen und auch Turbulenzen unserer schnellebigen Zeit nicht nur langfristig als richtig bestätigt und bewährt haben, sondern trotz aller geschichtlichen Präzisierungen heute oft sogar in noch intensiverer Weise ihre Gültigkeit als Schwerpunkte unseres Friedenswirkens besitzen. Das ist es, was uns Walter Friedrich unvergeßlich sein läßt.

Paul Wandel

Erinnerungen an Walter Friedrich

In meinen Ausführungen auf der Plenartagung der Akademie der Wissenschaften der DDR zum 100. Geburtstag des ersten Präsidenten unserer Republik Wilhelm Pieck habe ich darauf hingewiesen, daß die tiefgreifende Veränderung im Verhältnis der großen Mehrheit der bürgerlichen Intellektuellen zur Arbeiterklasse, ihrer Partei, zum Sozialismus zu den bedeutendsten Errungenschaften der antifaschistisch-demokratischen, sozialistischen Neugestaltung unseres gesellschaftlichen Lebens gehört. Ich informierte auch darüber, daß mich Wilhelm Pieck und die Leitung der Abteilung Volksbildung, der sowjetischen Militärverwaltung übereinstimmend darauf hingewiesen haben, daß ich als Präsident der Deutschen Zentralverwaltung für Volksbildung dieser Aufgabe größte Aufmerksamkeit und Sorgfalt widmen müsse.

Ich zeigte auf, in welchem Maße die Partei der Arbeiterklasse, ihre führenden Persönlichkeiten und im besonderen auch die Vertreter der Sowjetunion mit ihrer prinzipiellen Orientierung, ihren Entscheidungen und Maßnahmen zur Erfüllung dieser Aufgabe beigetragen haben.

Aus dem heutigen Anlaß der Ehrung von Prof. Walter Friedrich ist es angebracht hervorzuheben, daß dieses Werk nur möglich gewesen ist durch die Aufgeschlossenheit, die Tatkraft bedeutender Gelehrter, die bei uns führende Funktionen im wissenschaften und gesamtgesellschaftlichen Leben übernahmen.

Dazu gehörten im besonderen Maße bereits in den ersten Jahren nach 1945 solche Persönlichkeiten wie Prof. Theodor Brugsch, als Vizepräsident der Deutschen Zentralverwaltung für Volksbildung, Prof. Johannes Stroux, der erste Rektor der Berliner Universität und erste Präsident der Deutschen Akademie der Wissenschaften, und der Mann, den wir heute aus Anlaß seines 100. Geburtstages würdigen, Professor Walter Friedrich, der langjährige Präsident der Deutschen Akademie der Wissenschaften.

Wir standen 1947 vor einem ernsten Problem. Dem Vorschlag der deutschen antifaschistisch-demokratischen Kräfte Rechnung tragend, hatte der Oberbefehlshaber der sowjetischen Militäradministration am 27. Juni 1947 den Befehl Nr. 161 erlassen. Er verfügt die Übergabe des in Berlin-Buch gelegenen Medizinisch-Biologischen Instituts der ehemaligen Kaiser-Wilhelm-Gesellschaft an die Deutsche Akademie der Wissenschaften.

Außer der, den Ideen Leibnitz entsprechenden inhaltlichen Orientierung, „die wissenschaftliche Thematik des Medizinisch-Biologischen Instituts mit den praktischen Aufgaben der Gesundheitsfürsorge zu verbinden", enthielt er auch die Anordnung für die Deutsche Zentralverwaltung für Volksbildung, „die Posten des Direktors und der Leiter der Laboratorien mit Personen zu besetzen, welche hohe medizinische Ausbildung besitzen". Ich bat das Mitglied der Akademie der Wissenschaften, Prof. Rößle, um einen Vorschlag für den Leiter des Instituts. Er wies darauf hin, daß das ein sehr verantwortungsvolles Anliegen ist und es ihm schwer falle, einen Vorschlag zu machen. Doch bald darauf kam von ihm die Mitteilung, daß aus Westdeutschland Prof. Walter Friedrich nach Berlin gekommen sei, und es wäre eine ausgezeichnete Lösung, wenn er die Leitung des Instituts übernehmen würde. Schon die darauf folgende erste Begegnung mit Prof. Walter Friedrich hinterließ einen tiefen Eindruck. Sie bahnte bereits das enge Vertrauensverhältnis an, das sich zwischen uns im weiteren entwickelte. Sie zeigte auch, daß Prof. Walter Friedrich unseren humanistischen gesellschaftlichen Zielen gegenüber sehr aufgeschlossen war. Das fand seinen deutlichen Ausdruck, als er 1949 zum Rektor der Berliner Universität ernannt wurde. Dabei begrüßte er lebhaft, daß die Berliner Universität jetzt den Namen der humanistischen Gelehrten Humboldt trug und nicht mehr den eines preußischen Königs.

Gefragt, ob er bereit wäre, als Präsident des Deutschen Friedensrates zu wirken, erklärte er: Braucht ihr meine weißen Haare und meinen Namen oder wollt ihr mich haben, so wie ich bin? Er sagte das mit freundlichem Lächeln, denn er wußte selbst am besten, daß er längst nicht mehr der bürgerliche Gelehrte war, der sich nur der Wissenschaft verschrieben hatte und am politischen Leben keinen direkten Anteil nahm.

Es ist nicht nur für ihn persönlich, sondern von grundsätzlicher Bedeutung, wie er 1962 auf einer Tagung des Nationalrates seine Entwicklung motivierte. Er sagte: „Als ich nach dem Kriege von Westdeutschland nach Berlin kam, da haben mich zunächst noch nicht politische Erwägungen geleitet. Ich kam her, weil ich hier außerordentliches Verständnis für Wissenschaft und Forschung sah, weil ich sah, daß Forschung und Lehre ganz auf humanitäre Ziele gerichtet sind. Von dieser Erkenntnis her gelangte ich in der Folgezeit zu zwei Einsichten, die ich hier aussprechen möchte: 1. So wie die auf Krieg und imperialistisches Machtstreben orientierten Kräfte unfähig sind, die Nation zu führen, so sind sie auch unfähig, der Wissenschaft eine friedliche Perspektive zu geben. 2. Alle echten humanistischen Bestrebungen und Ideen der deutschen Geschichte und Wissenschaft werden dort legitim fortgesetzt und weiterentwickelt, wo die Sache des Volkes, wo das Streben nach Frieden und Sozialismus zur offiziellen Staatspolitik geworden ist, nämlich hier in der Deutschen Demokratischen Republik."

Welch tiefe Veränderungen hatten sich in einer verhältnismäßig kurzen Zeit im Denken und Handeln dieses bedeutenden Gelehrten vollzogen. Er stellte seinen ganzen wissenschaftlichen Ruf, die Weisheit eines langen Lebens, seinen guten Namen in den Dienst des Friedens, des Sozialismus. Er identifizierte sich voll mit unserem sozialistischen deutschen Friedensstaat.

Viele Erinnerungen wären noch wert, genannt zu werden. Erinnerungen, die ihn auch vor allem als lebensfrohen, humorvollen, warmherzigen und großzügigen Menschen zeigen.

Ich möchte meine Erinnerungen jedoch mit einem Ereignis abschließen, das nicht nur für mich, sondern für Tausende der Delegierten des IV. Parteitages der SED und die Vertreter aus 25 Ländern ungemein eindrucksvoll war.

Ich zitiere aus dem Protokoll des Parteitages: „(Es erscheint eine Delegation von Wissenschaftlern, Vertretern der Hochschulen und der Studenten. Die Delegierten erheben sich von den Plätzen und begrüßen die Delegation mit stürmischem lang anhaltendem Beifall.) Der Delegation gehören an: der Präsident der Deutschen Akademie der Wissenschaften, der Hervorragende Wissenschaftler des Volkes und Nationalpreisträger Professor Dr. Dr. h. c. Walter Friedrich; der Vizepräsident der Deutschen Akademie der Wissenschaften, Nationalpreisträger Professor Dr. Dr. h. c. Johannes Stroux; der Präsident der Sächsischen Akademie der Wissenschaften, Nationalpreisträger Professor Dr. Dr. h. c. Frings; der Präsident der Deutschen Akademie der Landwirtschaftswissenschaften und Mitglied der Deutschen Akademie der Wissenschaften, Nationalpreisträger Professor Dr. Stubbe; der Präsident der Deutschen Bauakademie, Professor Dr. Kurt Liebknecht; der Präsident des Nationalrats der Nationalen Front des demokratischen Deutschland und Mitglied der Deutschen Akademie der Wissenschaften, Nationalpreisträger Professor Dr. Correns; der Vorsitzende der Gewerkschaft Wissenschaft, Mitglied der Deutschen Akademie der Wissenschaften, Professor Dr. Rienäcker; der Präsident der Kammer der Technik, Mitglied der Deutschen Akademie der Wissenschaften, Nationalpreisträger Professor Dr. Franck."

Es folgen dann die Namen der Rektoren der Universitäten und einer Reihe von Wissenschaftlern, Mitgliedern der Akademie und Nationalpreisträgern, von Assistenten und Vertretern der Studenten.

Dann heißt es im Protokoll: „Das Wort im Namen der Delegation und vieler Tausender deutscher Wissenschaftler in der Deutschen Demokratischen Republik hat der Präsident der Deutschen Akademie der Wissenschaften, Professor Dr. Dr. h. c. Walter Friedrich."

Er sagte: „Aus den Trümmern des Krieges, der auch die deutsche Wissenschaft und ihre Pflegestätten zerstörte, wuchsen Lehre und Forschung in den letzten Jahren zu neuer Blüte empor. Wichtige geistige und materielle Voraussetzungen für diesen Wiederaufbau der Wissenschaft verdanken wir Ihrer Partei, Ihrer Initiative und Ihrer weitsichtigen Förderung der Wissenschaften. Auf die Vorschläge der Sozialistischen Einheitspartei Deutschlands hin beschloß unsere Regierung wichtige Gesetze, die den Wissenschaftlern und Geistesschaffenden die materielle Lage sicherten und ihnen neue Arbeitsmöglichkeiten schufen, darunter solche, wie sie bisher in Deutschland nicht vorhanden waren.

In weitsichtiger Weise hat sich unsere Regierung hierbei den Standpunkt und die Erfahrungen der UdSSR zu eigen gemacht. Bereits im Jahre 1922 erzählte mir der bekannte sowjetische Physiker Joffé bei einem Besuch, daß nach Ansicht seiner Regierung die Wissenschaft mit an erster Stelle beim Aufbau eines modernen Staates stehen muß. Wir Wissenschaftler fühlen uns daher auch mit der Arbeiterklasse und ihrer Partei eng verbunden und sind bereit, gemeinsam um die Einheit unseres Vaterlandes und den Frieden zu ringen."

Aber bemerkenswert war auch für das offene, vertrauensvolle Verhältnis zur Partei der Arbeiterklasse, daß Prof. Walter Friedrich diese beachtliche Gelegenheit nutzte, um auf Mängel hinzuweisen, welche die wissenschaftliche Tätigkeit behindern. Hierzu sagte er: „Die Gestehungskosten eines Erzeugnisses der Industrie oder der Landwirtschaft hängen entscheidend davon ab, welcher Aufwand an wissenschaftlicher Arbeit bei der Entwicklung geleistet worden ist. Die Wissenschaft steht im Zentrum des Lebens unseres Staates, und man sollte ihr daher auch im Gesamtgefüge der Volkswirtschaft eine entsprechende Beachtung zukommen lassen. Es ist nicht befriedigend, daß in allen Verordnungen und Anordnungen des Ministerrats und der Ministerien immer nur von Verwaltung und Wirtschaft gesprochen wird und daß damit für alle Bürokraten die Möglichkeit geschaffen wird, die wissenschaftlichen Einrichtungen in ein nicht angemessenes Schema zu pressen. Wir möchten anregen, daß die wissenschaftlichen Einrichtungen in der Volkswirtschaft als ein besonderer Zweig aufgenommen werden.

Wir Wissenschaftler wissen, daß wir in der Sozialistischen Einheitspartei Deutschlands einen Freund haben, und wir hoffen, daß diese Partei uns in unseren Sorgen unterstützt und Verständnis für unsere Wünsche zeigt. Für unsere zukünftige Arbeit erwarten wir von der Partei neue Impulse und von diesem Parteitag anregende und richtungsweisende Beschlüsse, auch zur Förderung der Wissenschaft."

Nach der Ansprache von Prof. Walter Friedrich kam es – symbolisch für diese enge Verbundenheit der Partei der Arbeiterklasse und den Wissenschaftlern – zu einer herzlichen Begegnung zwischen dem Vorsitzenden der SED Wilhelm Pieck und Professor Walter Friedrich, die die Teilnehmer des Parteitages tief beeindruckte. Professor Walter Friedrich, dessen Leistungen als Friedenskämpfer, Humanist und Wissenschaftler wir würdigen, hat seine gesellschaftlichen Erkenntnisse mit der gleichen Gründlichkeit erworben, mit der er seine wissenschaftlichen Forschungen führte. Er hat dabei ebenso wie in der Wissenschaft Erkenntnisse und ihre Anwendung zum Wohle der Menschen vereint.

Ich danke für die Möglichkeit, auf dieser Veranstaltung zu Ehren des Mannes zu sprechen mit dem mich viele Jahre eine enge Zusammenarbeit verband und dessen Freundschaft zum Reichtum meines Lebens gehört.

Klaus Eckoldt

Walter Friedrich an der Berliner Universität

Zum 1. 9. 1923 berief das Preußische Ministerium für Wissenschaft, Kunst und Volksbildung auf Vorschlag der Medizinischen Fakultät der damaligen Friedrich-Wilhelms-Universität zu Berlin Walter Friedrich auf dem neu eingerichteten Lehrstuhl für „Medizinische Physik und Strahlenkunde" und zum Direktor des gegründeten Instituts für Strahlenforschung. Damit wurde eine der ersten Einrichtungen dieser Art an einer Universität installiert und erstmals ein Nichtmediziner Mitglied der Berliner Medizinischen Fakultät.

Wie war die Vorgeschichte dieses Ereignisses? Die Deutsche Röntgengesellschaft hatte dem Ministerium die Notwendigkeit der Bearbeitung der physikalischen Grundlagen der Applikation von Röntgen- und Radiumstrahlung im Interesse des optimalen Einsatzes dieser neuen Therapeutika am Patienten im Hochschulbereich nahegelegt, die Einführung der Medizinischen Röntgenkunde als Prüfungsfach für Medizinstudenten dringend empfohlen und die Einrichtung eines derartigen Forschungsinstitutes gefordert. Sie schlug als einen möglichen Kandidaten für einen derartigen Lehrstuhl Walter Friedrich vor. Das Ministerium beauftragte die Medizinische Fakultät der Berliner Universität, die Möglichkeiten für die Gründung eines Lehrstuhls zu prüfen und Besetzungsvorschläge zu machen. Die Medizinische Fakultät unter dem Dekanat von Karl Bonhoeffer erkannte, daß hierfür nur ein Fachphysiker in Frage kam. Eine Besetzungskommission mit den Ordinarien Bumm (Gynäkologie), Kraus (Innere Medizin) und Bier (Chirurgie) schlug ebenfalls Walter Friedrich als Kandidaten vor und empfahl die Umwandlung eines bereits existierenden aber offenbar verwaisten „Institutes für Untersuchungen mit Röntgenstrahlen" in ein „Institut für Strahlenforschung".

Wodurch war Friedrich in medizinischen Fachkreisen bereits bekannt geworden? Im Jahre 1914 hatte der Gynäkologe und enthusiastische Strahlentherapeut Bernhard Krönig den jungen erfolgreichen Physiker Friedrich von München, der reinen Physik und seinen Lehrern und Kollegen Röntgen, Sommerfeld, v. Laue und Knipping weggeholt und ihm eine strahlenbiophysikalische Forschungsabteilung in seiner Freiburger Universitäts-Frauenklinik eingerichtet. Obgleich uns das Motiv für diesen einschneidenden Wechsel nicht genau bekannt ist, können wir annehmen, daß ihm das Grenzgebiet zwischen Physik und Medizin außerordentlich wichtig für das Wohl der behandelten Menschen und als fruchtbar für den forschenden Gelehrten bezüglich neuer Ergebnisse erschien. Völlig fremd war ihm außerdem die medizinische Anwendung der Röntgenstrahlung nicht, hatte er doch bereits als Gymnasiast für das Ascherslebener Städtische Krankenhaus Röntgenaufnahmen mit seiner vom Vater geschenkten privaten Röntgenapparatur angefertigt.

In Freiburg begann nun eine sehr erfolgreiche – wir würden heute sagen interdisziplinäre – Zusammenarbeit zwischen Krönig und Friedrich. Friedrich erwarb schnell das notwendige medizinische Fachwissen und wurde in die strahlentherapeutischen Fachdiskussionen Krönigs mit dessen 1. Oberarzt C. J. Gauss und dem bekannten Freiburger Pathologen Ludwig Aschoff einbezogen. Für eine erfolgreiche breite Anwendung der von Krönig seit 10 Jahren versuchten Strahlentherapie bösartiger Tumore wird die Notwendigkeit einer exakten Dosierung der physikalischen Agenzien Röntgen- und Radiumstrahlung erkannt.

Die Ergebnisse der für lange Zeit richtungweisenden Forschungen Krönigs und Friedrichs wurden in der 1918 erschienenen gemeinsamen Monographie „Physikalische und biologische Grundlagen der Strahlentherapie" niedergelegt. Sie enthält zunächst Grundfragen der Dosimetrie und die Angabe der Konstruktion geeigneter Ionisationskammern. Sodann wird auf die Bedeutung der bis dahin unterschätzten und z. T. geleugneten Sekundärstrahlung hingewiesen, die im durchstrahlten Gewebe entsteht und einen wesentlichen Beitrag zur Tiefendosis liefert. Im biologischen Teil des Buches werden, ausgehend von Bestrahlungsexperimenten an Froschlaich und Pflanzensamen, Gesetze der biologischen Strahlenwirkung aufgestellt und ihre Übertragbarkeit auf den menschlichen Organismus geprüft. Es wird gezeigt, daß die Stärke der biologischen Wirkung bei gleicher Dosis unabhängig von der Härte der Strahlung ist. Ferner ist es nicht gleichgültig, ob eine bestimmte Dosis mit hoher Intensität und kurzer Bestrahlungszeit oder umgekehrt mit niedriger Intensität über längere Zeit verabfolgt wird; im ersten Fall ist die biologische Wirkung stärker. Auch ist die in einmaliger Sitzung applizierte Strahlung wirksamer als die in mehreren Teilsitzungen verabfolgte gleicher Dosis. Schließlich wird die Sensibilität verschiedener Gewebe gegenüber ionisierender Strahlung verglichen, und es werden Angaben z. B. für Hautdosis, Ovarialdosis und Karzinomdosis gemacht.

Diese Monographie sowie weitere Veröffentlichungen strahlenbiophysikalischen und strahlentherapeutischen Inhalts machen Friedrich bekannt. Nachdem er sich 1917 in Freiburg für Physik habilitiert hatte, erhielt er 1921 eine außerordentliche Professur. Der Tod Krönigs hatte bereits 1917 die erfolgreiche Zusammenarbeit beendet; Friedrich leitete nun das Radiologische Institut der Freiburger Universitätsfrauenklinik.

Hier erreichte ihn also 1922 der Ruf der Berliner Medizinischen Fakultät auf den Lehrstuhl für Medizinische Physik und Strahlenkunde und zum Direktor des Instituts für Strahlenforschung der Charité, den er – knapp 40jährig – annahm. Nach einigem Suchen wurde ein Wohnhaus am Luisenplatz, dem heutigen Robert-Koch-Platz, als geeignet zum Umbau in ein Institutsgebäude erachtet und angekauft. Räumung und Umbau zogen sich – mitbedingt durch die Nachkriegs- und Inflationszeit – bis 1928 hin. Friedrich hatte während der Bauzeit die Gastfreundschaft des Physiologischen Institutes unter Leitung von Wilhelm Trendelenburg in der nahe gelegenen Hessischen Straße genossen, konnte von dort den Aufbau seines Institutes leiten und hatte Möglichkeiten zum wissenschaftlichen Arbeiten.

Am 1. Januar 1929 wurde das fertige Institut seiner Bestimmung übergeben. Es war das zweite Institut dieser Art an einer Universität nach dem Frankfurter „Institut für physikalische Grundlagen der Medizin" von Dessauer. Das Berliner Institut für Strahlenforschung mit etwa 1000 m^2 Arbeitsfläche in 4 Etagen war für alle Arbeiten auf physikalischem, chemischem und biologischem Gebiet gut ausgerüstet und in 3 Abteilungen gegliedert. Es besaß einen Hörsaal mit 96 Plätzen mit Möglichkeiten für Experimentalvorlesungen, Kursräume, Arbeitsplätze für Doktoranden und Gäste, Tierstall, Werkstatt, Gewächshaus sowie eine meteorologische Station auf dem Dach. Die technische Ausstattung war hervorragend. Einen Teil davon hatte die einschlägig interessierte Industrie kostenlos zur Verfügung gestellt. Hochspannungsanlagen, Induktoren, Röntgenanlagen verschiedener Arten, Radiumpräparate, aber auch optische Instrumente wie UV- und IR-Spektrografen waren vorhanden. Es gab 16 Planstellen: 6 für Hochschulkader, 9 für technisches Hilfspersonal und eine für MTA. Schon bald kamen dazu Stipendiaten und Doktoranden, so daß bereits im ersten Jahr der Tätigkeit 17 Wissenschaftler im Institut unter der direkten Leitung von Friedrich tätig waren. Die bearbeiteten Themen erforderten zumeist eine interdisziplinäre Zusammenarbeit von Wissenschaftlern verschiedener Fachgebiete, so daß oft neben Physikern, Ärzte, Biologen und Chemiker beteiligt waren.

Folgende Themen wurden 1926–1944 durch Friedrich und seine Mitarbeiter am Berliner Institut bearbeitet und in insgesamt ca. 230 Einzelveröffentlichungen niedergelegt:

- Energieumsetzung harter Röntgenstrahlung im bestrahlten Gewebe: Streuung, Sekundärstrahlung, Comptoneffekt.
- Physikalische Grundlagen der Radiumtherapie und Radiumdosimetrie, r-Einheit für γ-Strahlen.
- Fragen des Strahlenschutzes beim Umgang mit ionisierender Strahlung.
- Schädigung tierischer und pflanzlicher Organismen durch ionisierende Strahlung.
- Grundlagen der UV-Dosimetrie, Erythem- und Pigmentierungsmessung.
- Strahlungsklima der Großstadt.
- Wirkung optischer Strahlung auf Haut und Gesamtorganismus, Histaminhypothese, Rachitisprobleme, Lichtschutz, Lichtkrebs.

- Lichtreaktionen niederer Organismen, Phototaxis.
- Grundlagen der Elektromedizin.

Die Arbeiten aus dem Friedrichschen Institut machten dieses schnell in der ganzen Welt bekannt, so daß zahlreiche ausländische Wissenschaftler zu Gastaufenthalten angeregt wurden, um die moderne interdisziplinäre Arbeitsweise kennen zu lernen. Zu einer ähnlich intensiven Zusammenarbeit wie mit Bernhard Krönig ist es allerdings mit Klinikern der Charité nicht mehr gekommen.

Friedrich hielt in dieser Zeit neben der umfangreichen Forschungstätigkeit Vorlesungen zu folgenden Themen:

- „Allgemeine Strahlenkunde" für vorklinische Semester,
- „Physikalische Grundlagen der Strahlenkunde" sowie
- „Strahlenforschung und Grundlagen der Strahlendiagnostik und -therapie" für klinische Semester.

Weiterhin hielt er ein ganztägiges Praktikum und ein Kolloquium ab.

Die zutiefst humanistische Grundhaltung Friedrichs kam in der Zeit nach 1933 besonders auch denjenigen seiner Mitarbeiter zugute, die aus rassischen Gründen entlassen werden mußten. Ihnen half Friedrich im Rahmen seiner Möglichkeiten u. a. durch Vermittlung von Arbeitsmöglichkeiten im Ausland und Verhinderung von Verschleppungen in Vernichtungslager.

In den letzten beiden Kriegsjahren wurde das Institut durch Bombentreffer zerstört, nachdem ein Teil des kostbaren Inventars nach Greiz bzw. Affinghausen bei Bremen verlagert werden konnte. In Affinghausen erlebte Friedrich Zusammenbruch und Kapitulation des faschistischen Reiches und die ersten Nachkriegsjahre.

Die Weiterführung des Institutes und die Rückführung des ausgelagerten Inventars nach Wiedereröffnung der Universität im Herbst 1945 war äußerst kompliziert. Der langjährige Oberassistent Friedrichs, Prof. H. Schreiber, kümmerte sich um Unterbringungsmöglichkeiten, und es gelang ihm mit Unterstützung der Fachrichtung Physik (Prof. R. Rompe) und der Medizinischen Fakultät (Prof. Th. Brugsch) als Provisorium einige Mansardenräume im Dachgeschoß der Landwirtschaftlich-Gärtnerischen Fakultät in der Invalidenstraße zu erhalten, wo das Institut auch heute noch seinen Hauptsitz hat.

Schließlich kehrte auch Friedrich aus der britischen Zone nach Berlin zurück. Er schlug ein Angebot der Marburger Universität aus, als ihm die in Aussicht genommene großzügige Förderung der Wissenschaften durch die damalige sowjetische Militärbehörde und die konsequente Abkehr vom Militarismus und Faschismus und Hinwendung zu Humanismus und Demokratie in der sich entwickelnden antifaschistisch-demokratischen Gesellschaftsordnung bewußt wurden.

Neben der Hauptaufgabe, in Berlin-Buch eine Forschungsstätte für Medizin und Biologie aufzubauen, wurde Friedrich zum 1. 1. 1949 erneut auf den

Lehrstuhl für Medizinische Physik und Strahlenkunde und zum Direktor des Institutes für Strahlenforschung der Medizinischen Fakultät berufen.

Bereits ein Jahr später wird ihm die Ehre zuteil, der Humboldt-Universität als Rektor vorzustehen. Dieses Amt erschöpft sich für Friedrich nicht nur in Repräsentation und alltäglicher Routinearbeit. Es war für ihn zugleich Verpflichtung, sich voll und ganz für den als richtig erkannten Weg der Gesellschaftsentwicklung einzusetzen. Als Strahlenbiophysiker war ihm die grauenhafte Wirkung der Atombombenexplosionen von Hiroshima und Nagasaki mit allen Konsequenzen voll bekannt. Er spürte die besondere Verantwortung, die ihm als Sachkundigen auferlegt war. In einer öffentlichen Erklärung trat er für Frieden und Völkerfreundschaft ein und forderte in einem Schreiben an alle Rektoren deutscher Universitäten und Hochschulen auf, sich offen zum Frieden zu bekennen.

Dieser Appell, der enttäuschend geringe Resonanz bei westdeutschen Rektoren fand, hat vielleicht doch dazu beigetragen, daß sich mehr und mehr Wissenschaftler für Frieden und Völkerverständigung einsetzen und nicht gewillt sind, die Resultate ihrer Arbeit in einem atomaren Inferno vernichtet zu sehen, geschweige denn durch ihre Arbeit zu einem solchen beizutragen. Der Göttinger Appell der führenden 18 Atomwissenschaftler gegen die atomare Bewaffnung der Bundeswehr, die Aktivitäten des Komitees „Ärzte gegen Atomkrieg" und der Appell der 12 000 Physiker aus 43 Ländern zur nuklearen Abrüstung mögen dafür Beispiele sein. Eine aktuelle Parallele zum Friedrichschen Brief ist der vor wenigen Wochen vom derzeitigen Rektor der Humboldt-Universität, Prof. Dr. Helmut Klein, an 17 Rektoren bzw. Präsidenten von Universitäten und Hochschulen gesandte Brief.

Darin erinnert er an die gemeinsame und besondere Verantwortung aller Wissenschaftler dafür, daß ihre Forschungsergebnisse nicht für die Zerstörung der menschlichen Zivilisation, sondern für Wohlergehen und Glück aller Menschen genutzt werden müssen und fordert sie auf, die Stationierung der NATO-Raketen in Westeuropa verhindern zu helfen.

Doch zurück zu Walter Friedrich. Während seiner Rektoratszeit hielt er noch – so es seine Zeit erlaubt – die Vorlesung „Allgemeine medizinische Strahlenkunde". Da er außerdem 1949 zum Volkskammerabgeordneten, 1950 zum Präsidenten des Deutschen Friedensrates und 1951 zum Präsidenten der Akademie der Wissenschaften gewählt wurde, blieb ihm nur wenig Zeit, sich um das Universitätsinstitut für Strahlenforschung selbst zu kümmern. Dieses leitete de facto sein langjähriger Mitarbeiter Schreiber. Bedingt durch die noch vorhandene bzw. erreichbare Ausrüstung wurden in dieser Zeit bevorzugt die Wirkungen optischer Strahlung und von Klimafaktoren auf biologische Objekte untersucht. Auf der Insel Hiddensee wurde eine biophysikalische Forschungsstelle konzipiert, gebaut und 1952 in Betrieb genommen, um die Möglichkeiten einer Klima- und Heliotherapie für verschiedene Hautkrankheiten zu untersuchen. Außerdem wurden Arbeiten über Erzeugung, Messung und Dosierung von Ultraschall im Hauptinstitut aufgenommen.

Der Kontakt zwischen Friedrich und dem Institut für Strahlenforschung riß nie ab; 1953/54 leitete Friedrich das Institut wieder selbst, vergab und begutachtete Graduierungsarbeiten und nahm Prüfungen bei Physikern und Medizinern ab.

Ich selbst hatte das Vergnügen, in der Diplomhauptprüfung im Nebenfach Biophysik von ihm geprüft zu werden. Es war ein durchaus angenehmes Gespräch, in dem mir seine väterliche Güte und die Weisheit des Alters imponierten. Auch an gesellschaftlichen Ereignissen des Institutes nahm er nach Möglichkeit teil. Ich erinnere mich an Jahresabschlußfeiern und Exkursionen mit ihm, die durch seine Anwesenheit an Glanz und Bedeutung für uns Diplomanden und junge Assistenten erheblich gewannen.

1958 – also im Alter von 75 Jahren – bat Friedrich um Entbindung von seinen Pflichten als Lehrstuhlinhaber und Institutsdirektor. In einer Denkschrift über die Neugestaltung des Institutes rät er dringend, die räumliche und personelle Situation zu verbessern. Am 1. 1. 1959 wurde Friedrich emeritiert. Damit war jedoch sein Engagement für sein altes Institut noch nicht beendet. Als es nach 1961 erneut verwaiste, stand er den die Geschäfte führenden Kollegen nach Kräften mit Rat und Tat zur Seite und setzte sich, wenn nötig, für das Institut ein.

Friedrich sind bereits zu Lebzeiten so viel Ehrungen und Würdigungen zuteil geworden, wie kaum einem anderen Wissenschaftler. Es würde den Rahmen dieser Darstellung sprengen, diese alle aufzuzählen und zu kommentieren. Bereits 1929 wurde er als Physiker zum Dekan der Medizinischen Fakultät gewählt, von 1949–1952 war er Rektor der Universität, wie oben dargelegt. Zu seinem 70. Geburtstag verlieh ihm die Medizinische Fakultät die Würde eines Doktors der Medizin honoris causa. Er war Präsident der Deutschen Röntgengesellschaft (1928) und der Gesellschaft für Lichtforschung (1930). Die DDR-Gesellschaften für Röntgenologie und die für Medizinische Radiologie ernannten ihn zum Ehrenmitglied ebenso die Biophysikalische Gesellschaft (heute Gesellschaft für physikalische und mathematische Biologie der DDR), deren Mitbegründer er war. Weiterhin ernannten ihn viele ausländische wissenschaftliche Gesellschaften und Akademien zum Mitglied bzw. Ehrenmitglied. Unser Staat verlieh ihm u. a. den Nationalpreis und der Deutsche Friedensrat wertvolle Medaillen.

Wir, die ihn gekannt haben und mit ihm arbeiten durften, verehren Walter Friedrich und werden diesen großen Wissenschaftler, engagierten Hochschullehrer und aktiven Friedenskämpfer immer im Gedächtnis behalten.

Robert Rompe

Der Physiker Walter Friedrich und die experimentelle Technik der Physik

Daß Walter Friedrichs Rolle in der Entwicklung der Physik, aber auch der Naturwissenschaften, Medizin und Technik eine große war, steht außer Zweifel.

Die Ausführungen des Präsidenten der AdW der DDR, Prof. W. Scheler, des Präsidenten des Friedensrates der DDR, Prof. G. Drefahl, des Kollegen K. Eckoldt, seines Nachfolgers, und die seiner ehemaligen Schüler und Mitarbeiter, H. Abel und E. Höhne, zeigen in eindrucksvoller Weise das Fortwirken seiner Arbeiten in Wissenschaft und Praxis.

Da ich wohl in unserem Kreis derjenige bin, der Walter Friedrich am längsten gekannt hat – ich kam mit ihm 1929 anläßlich einer Untersuchung, an der Max von Laue interessiert war, zusammen –, möchte ich ganz subjektiv-persönlich über Walter Friedrich als Physiker sprechen.

Für mich besteht in mancher Hinsicht eine Verwandtschaft mit H. Helmholtz. Friedrich fing als Physiker an und kam dann zur Medizin und Helmholtz fing als Mediziner an und kam dann zur Physik. Friedrich blieb zeitlebens Physiker, Helmholtz war, nach seiner eigenen Aussage, immer Physiker.[1]

Als Helmholtz 1874 als Schwadronschirurg in Potsdam jene experimentelle Arbeit bei Magnus im Haus am Kupfergraben 7 angefertigt und veröffentlicht hat, die unter dem Titel „Über die Erhaltung der Kraft" berufen war, die Beziehungen der Naturwissenschaften zueinander und zur Physik auf ein festes Fundament zu stellen und damit zu revolutionieren, hat wohl keiner geahnt, daß 100 Jahre später dadurch eine neue Ära der Wissenschaft zustande kommen würde.

Der Nachweis der Gültigkeit des Energiesatzes, auch in den komplizierten Vorgängen der belebten Materie, führte Helmholtz zu der Erkenntnis, daß die Grundbeziehungen der Physik überall dort – universell – Gültigkeit haben, wo die Begriffe der Physik adäquat sind. Helmholtz wurde sehr bald

[1] Beide sind ein Beispiel, daß Physiker auch in Biologie und Medizin beeindrukkendes geleistet haben.

auf Lehrstühle der Physiologie berufen, und erst 22 Jahre später, 1870, erhielt er seinen ersten Lehrstuhl für Physik an der Berliner Universität.

W. Friedrich begann seine Laufbahn als Physiker, wurde nach dem Doktor-Examen Assistent bei Sommerfeld, dem großen theoretischen Physiker, Lehrer von Pauli, Heisenberg und vielen anderen. Und dort realisierte er zusammen mit Knipping die Idee von Laue zum Beweis der Wellennatur der Röntgenstrahlen, der zugleich auch der Nachweis für den atomistischen Aufbau der Kristalle war. Auch dieses Experiment war berufen, die Wissenschaft in weiten Bereichen zu revolutionieren. Die Röntgenstrukturanalyse mit ihrer unüberschaubaren Auswirkung auf Wissenschaft und Technik und die medizinische Anwendung der Röntgenstrahlen mit ihrer nicht minder großen Wirkungsbreite nahmen hier ihren Anfang. Zehntausende Wissenschaftler arbeiten heute auf diesen Gebieten.

W. Friedrich ging nach Freiburg zwar als Physiker, aber doch zugleich an die medizinische Fakultät und zu Beginn der 20er Jahre an die Charité nach Berlin. Sein Ruf als Pionier der medizinischen Physik war damals schon so bedeutend, daß die medizinische Fakultät ihn als ihr Mitglied akzeptierte, ohne von ihm den medizinischen Abschluß zu verlangen.

Sein Weltruf als Strahlenforscher überstieg in den folgenden Jahren bald seinen physikalischen Ruhm, was aus den Berufungen in zahlreiche internationale Gremien hervorgeht, in denen er mit Marie Curie, Lord Rutherford und anderen Großen zusammengearbeitet hat. W. Friedrich teilte die Auffassung H. Helmholtzens, daß die universelle Gültigkeit der physikalischen Grundgesetze der Autonomie der Spezialwissenschaften keinen Abbruch tut – auch nach der Veröffentlichung von H. Helmholtz blieb die Physiologie Physiologie und wurde nicht Physik. Die Gültigkeit der Grundgesetze der Physik ist aber Voraussetzung für Gesetzmäßigkeiten der Spezialwissenschaften, obgleich diese wegen ihrer Komplexität und Komplementarität meist nicht mit dem Vokabular der Physik wiedergegeben werden können, sondern ihren eigenen speziellen Begriffsfundus verlangen.

Ebenso wie Helmholtz sah Friedrich den Fortschritt der Wissenschaft in der Erfassung immer neuer Seiten der Wirklichkeit durch schärfere präzisere Beobachtungen, besser noch durch quantifizierbare Messungen, die eine mathematisch-theoretische Bearbeitung ermöglichen, welche wiederum Voraussetzung sind für die zu neuen Erkenntnissen führende Lenkung des Meßvorganges und den Aufbau geeigneter Versuchsanordnungen. So wurde er, wie Helmholtz, ein Pionier des physikalischen Apparatebaues, hauptsächlich zum Zwecke der Erforschung biologischer und medizinisch interessanter Vorgänge. Und damit wurde er zum Pionier der Biophysik, besser der medizinischen Physik. Seine Auffassung drückte er drastisch aus: Man kann jederzeit Fragen stellen, die im Rahmen des vorliegenden Erkenntnisfundus zulässig sind, die man aber nicht beantworten kann. Es hat keinen Zweck sich solchen Fragen zuzuwenden, wenn man nicht imstande ist, ein Verfahren auszudenken und es zu bauen, quantifizierte Messungen anzustellen. Alles andere bleibt akademisch unverbindlich, auch wenn man beliebig viele Doktor-Arbeiten darüber veranstalten kann.

W. Friedrich vertrat die Einheit von wissenschaftlicher Aufgabenstellung und experimentell-theoretischer Bearbeitung, die Einheit von Problem und Apparat, die ja seit Galilei und Newton die Entwicklung der Physik bestimmt hat. Die Physik ist vorangekommen, indem sie sich immer neue Seiten der Wirklichkeit experimentell durch quantifizierte Meßergebnisse zugänglich gemacht hat und in ihr theoretisches Gesamtbild einfügte. Sie ist niemals nur kontemplativ weitergekommen. Die Entwicklung der Physik kann man nach einer Idee unseres Mitglieds V. Weißkopf in einer zweidimensionalen Art darstellen, intern-intensiv, das Begriffsinventar der eigenen Disziplin bereichernd, und extensiv-extern auf andere naturwissenschaftliche technische Disziplinen übergreifend. So lange die gesellschaftlichen Auswirkungen physikalischer Erkenntnisse im wesentlichen in der Bereicherung des Fundus unseres theoretischen Wissens über die Wirklichkeit lagen, war der Fortschritt der Physik auf die Erfassung immer neuer Seiten der Wirklichkeit orientiert, was nach dem von Galilei und Newton vorgegebenen Verfahren in Einheit von Experiment und Theorie vonstatten ging. Dieser so entstandene Begriffsfundus der Physik mit den dazwischen aufgestellten Verknüpfungen, die sich als Ergebnis der theoretisch-mathematischen Bearbeitung ergaben, ist ein fester bleibender Bestandteil all unserer Naturerkenntnis und Naturbeherrschung im Rahmen seiner – durchaus angebbaren – Kompetenz. Er ist absolut wertbeständig. Das ist für das Vertrauen auf die Solidität der Physik bei ihrer Anwendung in Naturwissenschaft, Medizin und Technik ausschlaggebend.

Jeder neuen Fragestellung wurde mit einer neuen experimentellen Erschließung begegnet. Galileis Fernrohr und seine Fallversuche, der Newtonsche Apfel eröffneten die Reihe der klassischen Experimente der Physik und in dieser Reihe, etwa nach der Entdeckung der elektromagnetischen Strahlen und ihrer Grenzgeschwindigkeit, der Radioaktivität, des Photoeffekts, des Wirkungsquantums, liegt auch die Bedeutung des Experiments von Laue, Friedrich und Knipping.

Ich will diese Reihe hier nicht fortsetzen, das ist schon anderweitig gemacht worden.

In unserem Jahrhundert hat im Zusammenspiel mit der durch die Physik geprägten industriellen Entwicklung (Elektroindustrie, Luftfahrt, Raumfahrt) eine außerordentlich breite extensive Entwicklung der Physik eingesetzt, die auch auf die naturwissenschaftlichen Nachbardisziplinen und darüber hinaus übergegriffen hat. („Die Wissenschaft als Geschäft" wurde entdeckt, wie Karl Marx es vorausgesehen hat! – das „big business".) Auch in dieser extensiven Richtung spielt das physikalische Forschungsgerät eine entscheidende Rolle, denn seine Fähigkeit, quantifizierte Daten zu liefern, ist ja zugleich der Ausgangspunkt für die mathematische Bearbeitung nach „Art der Physik", „more physico", die, ausgehend von der Physik, auf viele andere naturwissenschaftliche Gebiete übergreift und ihre Aussagefähigkeit präzisiert und verbreitert. Dabei ist natürlich die intensive Fortentwicklung der Physik nicht abgebrochen worden, sie wird entsprechend den gewachsenen gesellschaftlichen Möglichkeiten mit entsprechend großem Aufwand betrieben. Zu dem „big business" aus der Wissenschaft ist die „big science" dazugekommen, wobei die Parallelität zunächst auf die Größe des Aufwandes hinausläuft. Es scheint so, daß die Einheit des Aufwandes M $100 \cdot 10^6$ ist, ob es nun ein Experiment der Elementarteilchenphysik ist, oder eine neue Klasse mikroelektronischer Bauelemente.

Diese Entwicklung ist wiederum für die Gesamtentwicklung der Wissenschaft bedeutungsvoll geworden, weil sie eine objektive, reproduzierbare Widerspiegelung der Wirklichkeit in *ungeahnter Ausdehnung* zuläßt, die ihrerseits wiederum Zugang gibt zu automatisierten Experimenten als Vorstufen automatisierter Produktion. Es ist ganz sicher, daß das eine enorme Erweiterung der Leistungsfähigkeit der Physik und ihrer gesellschaftlichen Wirksamkeit mit sich gebracht hat und weiterhin bringen wird, sofern die gesellschaftlichen Umstände das zulassen: Frieden und Sozialismus.

Natürlich behält die vorphysikalische intuitiv-deskriptive, in der Alltagssprache wiedergebbare Erfassung der Wirklichkeit und die ihr zugeordnete Technik als Hintergrund weiterhin voll ihre Bedeutung bei, so wie die alte Technik immer den Hintergrund für die neue darstellen muß, um die gesellschaftlichen Aufwendungen für die technische Weiterentwicklung in angemessenen Grenzen zu halten. (Unser Problem der Intensivierung der Produktion.)

Was die Meßgeräte anbelangt, so wissen wir seit N. Bohr, daß ihre Funktion an die Gültigkeit der klassischen Physik gebunden sein muß und auch die Interpretation ihrer Ergebnisse. Die Sprache, in der wir darüber zu sprechen haben, ist im wesentlichen unsere Alltagssprache.

Ich habe nicht die Zeit und die Aufgabe, Walter Friedrichs Gesamtwerk zu würdigen, das ist bereits an anderer Stelle geschehen. Ich kann nur einiges herausgreifen – was sich als folgeträchtig herausgestellt hat – oder was mir selbst als interessant erscheint!

Sein Name ist, wie bereits gesagt, mit dem Begriff „Strahlenforschung" international verknüpft. Dazu gehört die Einwirkung von Strahlung auf Organismen (besonders des Menschen), insbesondere die Schädigung, die im allgemeinen durch Strahlungen erzeugt wird. Hier war sein Anliegen von Anfang an, quantitative Messungen einzuführen. Es entstand unter seiner Mitwirkung die *Dosimetrie*, die heute aus unserem Leben nicht wegzudenken ist und die garantiert, daß wir ohne Risiko Kernkraftwerke betreiben können (vom Umgang mit radioaktiven Substanzen und Röntgenstrahlen zu diagnostischen und therapeutischen Zwecken ganz zu schweigen).

Aus der Erkenntnis, daß in der Medizin nicht nur die ionisierenden Strahlen von Bedeutung sind, sondern auch die langwelligen Strahlen (UV bis UR), initiierte er in der Industrie die Entwicklung von UV- und UR-Spektrographen. Für die Dosimetrie der ionisierenden Strahlen wurden Eichstandards entwickelt, die zum Teil in Deutschland insgesamt verbindlich erklärt wurden.

Mehrere Veröffentlichungen W. Friedrichs waren sehr ausführlich der Radiumdosimetrie gewidmet. Hier sind die Unterschiede der Dosen, die zum Heilerfolg führen, und die zu irreversiblen Strahlenschäden führen, sehr gering. Es wurden systematische Untersuchungen von Strahlenschäden, die in Abhängigkeit von Dosis, Zeit und Strahlenart erzeugt worden waren, durchgeführt.

Parallel dazu gewannen Fragen des physikalisch-technischen Strahlenschutzes immer größere Bedeutung. Kamen für den Schutz vor Röntgenstrahlen schon lange Blei, Bleiglas und Bleigummi zur Anwendung, mußten für die Strahlenbehandlung mit radioaktiven Substanzen neue Materialien getestet werden.

Walter Friedrichs Engagement in der Friedensbewegung ist ebenso wie bei Joliot Curie verbunden mit der intimen Kenntnis der Strahlenschädigung. Als Wissenschaftler hat er, wie viele seiner Freunde, die nichtfriedliche Nutzung der Atomenergie gefürchtet. (Er hat auch das Schicksal von F. Haber stets vor Augen gehabt.) Aus den wissenschaftlichen Interessen seiner letzten Jahre sind mir zwei in Erinnerung geblieben, und ich darf sie wohl hier kurz anführen. Mit seinen lichtstarken Quarzmonochromatoren und den verbesserten Lichtquellen hoher Leuchtdichte gelang ihm die Untersuchung von Strahleneinwirkungen im Ultraviolett an der langwelligen Grenze der Proteinabsorption dort, wo die Absorptionsbanden der Nukleinsäuren sind. Es wurde gefunden, daß in diesem Bereich in einem ganz engen Frequenzbereich selektiv Hautkrebs bei Mäusen erregt wurde. Diese Selektivität hat ihn sehr beunruhigt, und er hatte die Absicht, diese Untersuchungen weiterzuführen. Ich kann von mir aus nicht berichten, was daraus geworden ist.

Das andere Problem entstand bei ihm wohl nach einem Gespräch mit Oparin. Er sagte mir, daß das Alter der festen Erdkruste und der Ozeane doch für die „präbiologische Evolution" nicht ausreichte und kam wieder auf die Möglichkeit des Transports biologischer Materie durch den Weltraum zurück – eine Idee, die wohl von H. Helmholtz stammt. Er stellte eine ungewöhnlich hohe Strahlenresistenz der Sporen und eine Beständigkeit im Ultra-Hochvakuum des kosmischen Raumes fest. Er hatte die Absicht, das Problem experimentell zu verfolgen.

Obgleich sich Walter Friedrich niemals schämte, seiner wissenschaftlichen Phantasie (im Rahmen der durch die Grundgesetze der Physik errichteten Barrieren) freie Zügel zu lassen, verabscheute er unwissenschaftliche, unsolide Aussagen und eine bestimmte Art der Berichterstattung, die auf Sensationen zugeschnitten ist und die Solidität der Wissenschaft zu kompromittieren imstande ist. Er meinte, daß gerade auf dem Grenzgebiet von Mathematik und Physik, Biologie und Medizin, wegen der vielen komplizierten Prozesse, die von uns keineswegs auch nur einigermaßen verstanden werden, unsoliden Spekulationen von vornherein eine Brücke gebaut wird und man sich hüten müßte, sich hinreißen zu lassen. Er hat gegen solche Dinge gekämpft, auch wenn er Nachteile dadurch gehabt hat, bis zu gefährlichen Situationen für die eigene Person. Solche Erscheinungen hat es immer gegeben und man muß sagen, auch heute noch.

Ich las kürzlich im Jahresbericht über die Jahreshauptversammlung der Moskauer Akademie der Wissenschaften vom März 1983, daß M. V. Wolkenstein seine Rede mit folgenden Passagen eröffnet hat:

„Jener trübe Strom der Pseudowissenschaft, der sich unablässig über jeden von uns ergießt, kann, wie mir scheint, die AdW der UdSSR nicht unberührt lassen. Besonders stark ist dieser Strom in den Bereichen der Biologie und Biophysik, die sich an der Grenze der Medizin und Landwirtschaft befinden."

A. P. Alexandrow hat zu diesem gleichen Thema folgendes bemerkt:

„Ich habe einmal versucht, die Materialien eines Sammelwerkes zu lesen, das diesen Fragen gewidmet war, und war betroffen von dem völligen Fehlen jeglicher wissenschaftlicher Qualifikation der Autoren."

Natürlich sind diese Erscheinungen keineswegs auf biologische Dinge beschränkt. Das magnetische Wasser gibt es in abgewandelter Form auch an anderen Stellen. Daß wir alle damit nicht zufrieden sind, das hat K. Schwabe kürzlich folgendermaßen ausgedrückt: „Im Bereich der Naturwissenschaften, auch der sogenannten exakten Naturwissenschaften, hat sich nach meinen Beobachtungen auf meinem Arbeitsgebiet, der Elektrochemie, immer mehr gezeigt, daß ständig neue Theorien entwickelt werden, ohne daß man sich die Mühe macht, die Zuverlässigkeit der daraus ableitbaren Ergebnisse zu prüfen. Es zeigt sich, daß dies ein allgemeines Problem der Entwicklung der Naturwissenschaften, vielleicht auch anderer Wissenschaften, ist. Diese Erkenntnis wird auch von der letzten Tagung der Nobelpreisträger in Lindau bestätigt, wo festgestellt wurde, daß sich viele junge Wissenschaftler heutzutage mit Problemen beschäftigen, die kaum Erkenntnisgewinn und schon gar keinen volkswirtschaftlichen Nutzen erwarten lassen. Meistens sind sie mit einem hohen mathematischen Aufwand ausgerüstet, aber die konkreten Schlußfolgerungen lassen zu wünschen übrig."

Das wäre auch die Ansicht von Walter Friedrich gewesen. Ihm kann niemand Theoriefeindlichkeit nachsagen!

Helmut Abel

Molekulare und zelluläre Strahlenbiophysik[1]

Aus der Vielzahl wissenschaftlicher Untersuchungen, die Walter Friedrich durchgeführt oder angeregt hat, sei ein Beispiel ausgewählt, das auch heute noch aktueller Forschungsgegenstand ist.

In seiner Antrittsrede als Rektor der Berliner Universität im Jahre 1949 wies Walter Friedrich auf einige Perspektiven der Medizin hin, die sich aus der Kernphysik ableiteten, insbesondere aus der Verfügbarkeit intensiver Neutronenquellen.

Der erste Versuch einer Neutronentherapie des Krebses war in den Jahren 1940 bis 1943 in den USA fehlgeschlagen. Nach Walter Friedrichs Auffassung war dieser Versuch verfrüht, wissenschaftlich zu wenig abgesichert. Er selbst hatte für eine klinisch orientierte biomedizinische Strahlenforschung ein 5-Punkte-Programm formuliert: (1) Entwicklung der Strahlenquelle, (2) Ausarbeitung der Dosimetrie, (3) Orientierungen über die biologischen Wirkungen, (4) Aufklärung der Wirkungsmechanismen und (5) Entwicklung der klinischen Bestrahlungsplanung.

Der klinischen Erprobung hat also vieles vorauszugehen, und im Falle der biologisch sehr wirksamen Neutronenstrahlung war er der Meinung, daß insbesondere die Mechanismen ihrer Wirksamkeit (Punkt 4 seines Programmes) im Mittelpunkt der Aufmerksamkeit, d. h. der Forschung, stehen müssen. Doch erst etwa zwei Jahrzehnte nach Walter Friedrichs Rektoratsrede waren die experimentellen Bedingungen und Voraussetzungen so weit entwickelt, daß eine eingehendere Analyse der Strahlenwirkungsmechanismen möglich wurde.

Es hatte sich international in den sechziger Jahren die Auffassung durchgesetzt, daß die Kern-DNS einer Zelle als ihre strahlenempfindlichste Struktur anzusehen ist. Aus der Primärstruktur der DNS wurde weiterhin geschlußfolgert, daß dem DNS-Doppelstrangbruch eine besondere Bedeutung zukommen müßte, weil dieser Schadenstyp die genetische Information beider DNS-Stränge in einander gegenüberliegenden Abschnitten unterbricht.

[1] Der Vortrag ist in gekürzter Fassung wiedergegeben. Eine ausführliche Darstellung erschint in Heft 2/1984 der Zeitschrift für ärztliche Fortbildung.

Demnach war zunächst zu untersuchen, wie die mittlere Anzahl an DNS-Doppelstrangbrüchen mit der Dosis und der Strahlenqualität variiert. Beide Größen ändern sich jedoch bei jeder Strahlenart mit der Tiefe des bestrahlten Gewebes. Eine eingehende physikalische Betrachtung dieses Sachverhaltes zeigt, daß ein ausschließlich experimenteller Weg nicht zum Ziel führen kann.

In unserer Forschungsgruppe wurde deshalb neben experimentellen Bestimmungen der mittleren Anzahl strahleninduzierter DNS-Doppelstrangbrüche ein theoretisches Modell entwickelt, das in Abhängigkeit vom Bremsvermögen der Strahlung die sich relativ zur Röntgenstrahlung ergebende mittlere Ausbeute an Doppelstrangbrüchen lieferte. Abb. 1 zeigt das Ergeb-

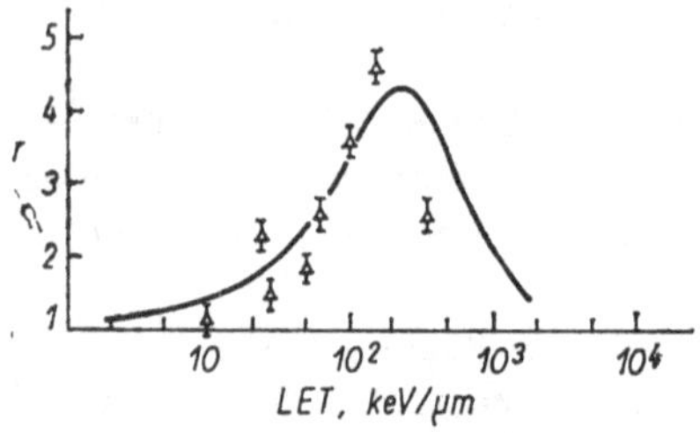

Abb. 1 Relative Häufigkeit (r) der DNS-Doppelstrangbrüche in Abhängigkeit vom Bremsvermögen der Strahlung; Experimentelle Werte und als Ergebnis einer theoretischen Analyse die durchgezogene Kurve

nis der Modellrechnungen und einige experimentelle Daten. In Abhängigkeit von der Neutronenenergie liegt das ihr zuzuordnende Bremsvermögen etwa zwischen 30 keV/µm und 100 keV/µm, woraus zu ersehen ist, daß die mittlere Ausbeute an DNS-Doppelstrangbrüchen bei Neutronenbestrahlung der Zellen 2–3mal größer ist als bei röntgenbestrahlten Zellen. Zur Erklärung der stärkeren relativen biologischen Wirksamkeit der Neutronenstrahlung reicht jedoch die Feststellung einer größeren mittleren Ausbeute an DNS-Doppelstrangbrüchen allein nicht aus, weil einerseits anzunehmen ist, daß die biologischen Konsequenzen auch von der Verteilung der Brüche auf der DNS abhängig sein werden und andererseits die intrazelluläre Fähigkeit der Zellen zur Reparatur von DNS-Schäden von Einfluß sein wird.

Um über die Verteilung von Strangbrüchen Näheres zu erfahren, haben wir die Längen der durch Doppelstrangbrüche „freigeschossenen" DNS-Abschnitte in Abhängigkeit von der Bestrahlungsdosis und vom Bremsvermögen der Strahlung experimentell bestimmt und einer theoretischen Analyse unterzogen. Wir konnten hieraus die wichtige Feststellung ableiten, daß im Interphasezellkern die DNS in extrem kompakten Untereinheiten von etwa 0,25 µm Durchmesser mit sehr konstantem DNS-Gehalt von etwa $2 \cdot 10^9$ g/

mol organisiert ist. Aus der im Zellkern insgesamt enthaltenen DNS-Menge folgt dann, daß größenordnungsmäßig 10^3 solcher DNS-Untereinheiten im Zellkern vorliegen, und zwar assoziiert mit der Kernmembran. Aus vergleichenden Experimenten mit Gammastrahlung und beschleunigten schweren Ionen (durchgeführt im VIK-Dubna) ließ sich außerdem die Aussage ableiten, daß einige sehr wahrscheinlich kooperativ wirkende Doppelstrangbrüche in einer einzigen DNS-Untereinheit ausreichen, um die Teilungsunfähigkeit der Zelle zu bewirken, wobei die Kooperationswahrscheinlichkeit der DNS-Doppelstrangbrüche mit zunehmendem Bremsvermögen der Strahlung wächst, also insbesondere auch bei Neutronenbestrahlung größer ist als bei Röntgen- oder Gammabestrahlung.

Mit der Entdeckung dieser DNS-Untereinheiten, für deren Existenz auch aus der Chromatinforschung zahlreiche Hinweise vorliegen, ist für die Aufklärung der Mechanismen der Strahlenwirkung eine neue Etappe eingeleitet worden.

Untersuchungen der inneren Organisation der DNS in den kompakten Untereinheiten haben gezeigt, daß die DNS dort stark hyperspiralisiert organisiert ist und bereits ein DNS-Strangbruch ausreicht, um bei einer isolierten DNS-Untereinheit die Hyperspiralisierung aufzuheben und eine Entfaltung der DNS zu bewirken. Dieser Effekt läßt sich in einem sogenannten Sedimentationstest in der Ultrazentrifuge leicht nachweisen. Bildhaft ausgedrückt sedimentieren intakte DNS-Untereinheiten wie geschlossene und strangbruchbedingt DNS-entfaltete Untereinheiten wie geöffnete Fallschirme. Damit ist ein hochempfindlicher und einfacher Test auf strahleninduzierte DNS-Strangbrüche gegeben, der nicht Veränderungen des Molekulargewichts der DNS registriert, sondern Eigenschaftsänderungen der DNS-Organisation. Da die Untereinheiten in Abhängigkeit von der Zeit nach der Bestrahlung der Zellen isoliert und auf ihr Sedimentationsverhalten untersucht werden können, sind neben Aussagen über primäre DNS-Strangbrüche auch Informationen über die intrazelluläre Reparatur der Strangbrüche zu erhalten, also über die Reparaturkinetik.

Abb. 2 zeigt Reparaturkinetiken nach Einwirkung von Röntgen- und Neutronenstrahlung auf Säugerzellen. Während röntgenstrahleninduzierte DNS-Strangbrüche innerhalb von 30–40 Minuten intrazellulär wieder repariert sind, erweisen sich neutronenstrahleninduzierte DNS-Strangbrüche als schwerer reparierbar.

Die stärkere biologische Wirksamkeit der Neutronenstrahlung gegenüber der Röntgen- oder Gammastrahlung ist also zurückzuführen auf eine höhere Ausbeute an DNS-Doppelstrangbrüchen, auf eine andere Verteilung der Brüche in der DNS des Zellkerns und auf eine unvollkommenere Reparatur der DNS-Strangbrüche.

Infolge der universellen Organisation der DNS in eukaryotischen Zellen sind mittlere Ausbeute und Verteilung der DNS-Doppelstrangbrüche gleich-

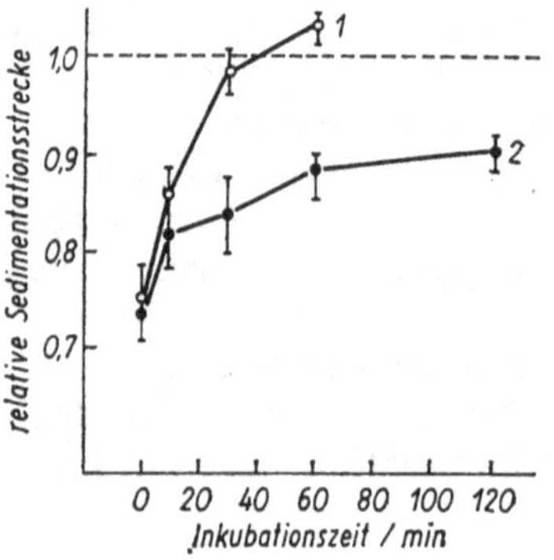

Abb. 2 Reparaturkinetik in den membranassoziierten DNS-Untereinheiten nach Röntgenbestrahlung (Kurve 1) und Neutronenbestrahlung (Kurve 2) von Zellen (chin. Hamster V79/4)

falls als universell anzusehen und für jede Strahlenart berechenbar. Nicht universell und berechenbar hingegen ist die Reparaturfähigkeit der Zellen. Sie muß für jeden interessierenden Zelltyp experimentell ermittelt werden.

In unserer Forschungsgruppe konnte gezeigt werden, daß die in einer experimentell gegebenen Röntgen-Überlebenskurve enthaltene Information über die Reparaturfähigkeit des Zelltyps in erster Näherung ausreicht, um mit den o.g. berechenbaren Größen eine Vorausberechnung der Überlebenskurven für beliebige Strahlenarten durchführen zu können.

Abb. 3 zeigt an zwei Beispielen die erzielbare gute Übereinstimmung vor-

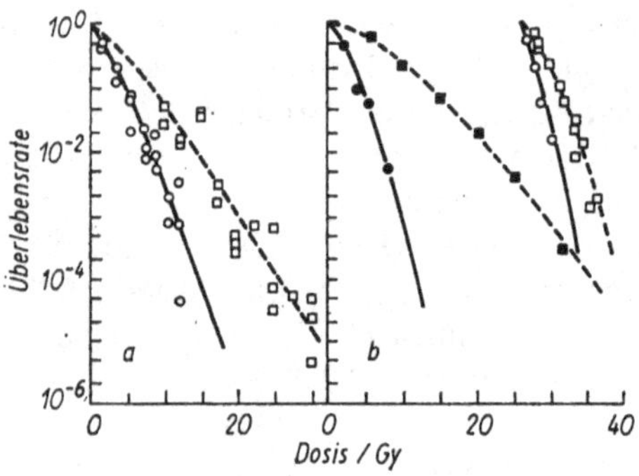

Abb. 3 In vivo bestimmte Überlebenskurven für Neutronen von 15 MeV (Kreise) sowie Röntgenstrahlung (Vierecke, gestrichelte Kurven); die durchgezogenen Kurven wurden für Neutronen aus den Röntgen-Kurven vorausberechnet.
Feld a: transplantierbares Mäuse-Osteosarkom
Feld b: Ratten-Rhabdomyasarkom R-1, bestrahlt in situ (volle Symbole) und in vitro (offene Symbole)

ausberechneter (durchgezogene Kurven) und experimentell bestimmter (kreisförmige Symbole) Überlebenskurven neutronenbestrahlter Zellen bei experimentell gegebenen Röntgenüberlebenskurven (gestrichelte Kurven).

Auf diese Weise sind die jahrzehntelangen Erfahrungen der Röntgentherapie durch ihre Verknüpfung mit Erkenntnissen der molekularen und zellulären Strahlenbiologie unmittelbar nutzbar für die Entwicklung einer Neutronentherapie.

Walter Friedrich hat in seinem 5-Punkte-Programm der Strahlenforschung den 4. Punkt – Mechanismen – dem 5. Punkt – klin. Bestrahlungsplanung – vorangestellt. Wenn das auch nicht im Sinne einer strengen zeitlichen Reihenfolge gemeint ist, so zeigt das Beispiel der Neutronentherapie doch die engen Beziehungen beider Punkte und damit auch die Bedeutung eines engen Zusammenwirkens von Physik, Biologie und Medizin.

Ernst Höhne

Neuinterpretation und einheitliche Beschreibung der Sekundärstrukturen in Proteinen

Mit dem experimentellen Nachweis der elektromagnetischen Wellennatur der Röntgenstrahlung durch Erzeugung von Interferenzerscheinungen bei der Durchstrahlung von Kristallen hat Walter Friedrich gemeinsam mit Paul Knipping im Jahre 1912 das Tor aufgestoßen zu einem ungeahnten Erkenntnisfortschritt über den strukturellen Aufbau der Materie.

Seither hat sich die Röntgenbeugungsmethodik als ein außerordentlich zuverlässiges und sehr erfolgreiches experimentelles Verfahren erwiesen, das mit hoher Genauigkeit die räumliche Anordnung der Atome bzw. Moleküle in Kristallstrukturen zu bestimmen gestattet.

Eine besonders stürmische Entwicklung setzte in den letzten 20 Jahren mit dem Einsatz computergesteuerter Datenerfassungsgeräte und elektronischer Datenverarbeitungsanlagen ein, wodurch die Bearbeitungszeit wesentlich reduziert werden konnte. Mit den dabei gewonnenen Erkenntnissen an etwa 100 000 bisher untersuchten Kristallstrukturen wurden die Wissenschaftsdisziplinen Physik, Chemie, Biologie und deren Grenzgebiete sowie auch Mathematik, Kristallographie und Mineralogie entscheidend gefördert.

Als bisher wohl faszinierendste Leistung der Röntgenkristallstrukturanalyse muß man die Aufklärung der Raumstrukturen von Biopolymeren – der Proteine und DNS-Strukturen – betrachten. Mit dem Einblick in den strukturellen Aufbau der Grundbausteine unseres Lebens konnten grundlegend neue Erkenntnisse über den Zusammenhang von molekularer Struktur und den biochemischen Eigenschaften bzw. der biologischen Funktion der Biomakromoleküle gewonnen werden. Vor allem durch diese Leistungen wurde die Wissenschaftsdisziplin „Molekularbiologie" begründet.

Walter Friedrich hat auch diese Richtung der molekularbiologischen Forschung in der DDR stark gefördert. 1951 hat er als damaliger Direktor des Instituts für Medizin und Biologie der Akademie in Berlin-Buch eine Arbeitsgruppe für Kristallstrukturanalyse ins Leben gerufen, die sich die Aufgabe gestellt hatte, Molekülstrukturen biologischer Substanzen aufzuklären.

Aus der Vielfalt der seither in dieser Gruppe bearbeiteten Problemstellungen möchte ich zum Gedenken an Walter Friedrich über einige neue Ergebnisse sprechen, die wichtige Fragen der Molekularbiologie berühren.

Mittels Röntgenbeugung wurden in den vergangenen 30 Jahren in dieser Gruppe die Stereochemie einer Reihe von biologisch wichtigen Verbindungen – Steroidalkaloide, Steroidhormone, Phytohormone und Verbindungen aus anderen Naturstoffklassen – bestimmt. Dabei wurden wichtige allgemeingültige Erkenntnisse gewonnen, die auf Biopolymerstrukturen übertragen werden konnten. So konnte von uns durch Kristallstrukturanalysen an Glyoxylsäureaniliden erstmalig der direkte experimentelle Nachweis erbracht werden, daß auch die Pi-Elektronen von Carbonylgruppen als Wasserstoffbrückenakzeptor einen wesentlichen Einfluß auf die Geometrie von H-Brükken besitzen. Damit wurden neue geometrische Grenzwerte für die Existenz von C=O ... H–N Brückenbindungen abgeleitet[1].

In allen Protein- und Nukleinsäurestrukturen haben derartige C=O ... H–N Wasserstoffbrücken wesentlichen Einfluß bei der Sekundärstrukturbildung (Helix- und β-Faltblattstrukturen) sowie beim Aufbau der Tertiärstrukturen. Sekundärstrukturen in Proteinen besitzen für die Stabilität der Proteinstrukturen große Bedeutung, und sie sind für das Verständnis von Struktur-Funktionsbeziehungen essentiell. Mit der neuen H-Brückengeometrie wurden gleichzeitig einheitlich geometrische Randbedingungen für die Existenz von Helix- und β-Faltblattstrukturen abgeleitet[2]; dies war notwendig, da die verschiedenen Autoren der Originalliteratur unterschiedliche geometrische Bedingungen zur Beschreibung der Sekundärstrukturelemente zugrunde gelegt haben.

Damit war die Basis für eine neue Analyse des Aufbaus aller in der Protein-Daten-Bank enthaltenen Proteinstrukturen geschaffen, die zu einer Neuinterpretation und einheitlichen Beschreibung der Sekundärstrukturen führten.

Bei Helixstrukturen wurden neue und eindeutige Aussagen getroffen über:

- Länge (Anzahl der Peptidgruppen) der einzelnen Helizes,
- Regularität und
- Knickstellen (Abweichungen von der Linearität einer Helixachse).

Bei β-Faltblattstrukturen wurden analog dazu eindeutige Aussagen abgeleitet über

- Länge der einzelnen Polypeptidkettenabschnitte, die ein β-Faltblatt aufbauen,
- Anzahl der Peptidgruppen, die zu einer parallelen oder antiparallelen Faltblattanordnung gehören.

Am Beispiel des Proteins Carboxypeptidase A (Tab. 1) sind die in der Ori-

1 Höhne, E., Kretschmer, R.-G., studia biophys. **87** (1982) 23.

2 Höhne, E., Kretschmer, R.-G., Vortrag RGW-Symposium „Biophysik der Proteine und Nukleinsäuren", Szeged (Ungarn) 1983.

Tabelle 1 Sekundärstrukturanteile im Protein Carboxypeptidase A

Helizes

Originalliteratur[1]	C^{α}-Methode[2]	Neuinterpretation
		3–7 (4)
14–28 (14)	14–29 (15)	14–29 (15)
72–88 (16)	72–90 (18)	72–90 (18)
94–103 (9)	93–102 (9)	93–103 (10)
112–122 (10)	113–121 (9)	112–123 (11)
	143–147 (4)	
173–187 (14)	173–186 (13)	173–187 (14)
215–231 (16)	215–233 (18)	215–233 (18)
		242–247 (5)
254–262 (8)	253–261 (8)	253–262 (9)
		282–286
285–306 (21)	285–305 (20)	285–306 (24)

Gesamtzahl der Peptide in Helizes

108	113	124

„Helix-Gehalt"

35%	37%	40%

Anzahl der Fehlinterpretationen

−20, +0	−19, +4	

β-Strukturanteile

Originalliteratur[1]	C^{α}-Methode[2]	Neuinterpretation
32–36 (4)	32–41 (9)	32–38 (6)
		39–41 (2)
49–53 (4)	44–53 (9)	45–53 (8)
60–66 (6)	59–71 (12)	60–66 (6)
104–109 (5)	103–112 (9)	109–109 (6)
	125–131 (5)	
	139–142 (3)	
	156–158 (2)	
	164–166 (2)	
		188–190 (2)
190–196 (6)	188–197 (9)	191–197 (6)
200–204 (4)	198–204 (6)	200–204 (4)
239–241 (2)	238–242 (4)	239–241 (2)
265–271 (6)	264–271 (7)	265–271 (6)
	272–274 (2)	

Gesamtzahl der Peptide in *β*-Strukturen

37	79	48

„*β*-Struktur-Gehalt"

12%	26%	16%

Anzahl der Fehlinterpretationen

−12, +1	−4, +35	

ginalliteratur[1] bzw. die von Levitt[2] erhaltenen Ergebnisse mit unserer Neuinterpretation verglichen. Dabei zeigen sich deutliche Unterschiede sowohl bezüglich Anzahl der einzelnen Helizes als auch bezüglich der Länge der verschiedenen Helizes. Ebenso deutliche Unterschiede wurden bei den β-Faltblattstrukturelementen festgestellt. Damit konnten neue Werte für den „Helixgehalt" bzw. „β-Strukturgehalt" der Carboxypeptidase ermittelt werden. Die Analyse von 10 weiteren Proteinstrukturen (Myoglobin, Lysozym, Ribonuclease A, Papain, Lactat Dehydrogenase, Subtilisin BPN', D-Glyceraldehyd-3-Phosphat Dehydrogenase, Cytochrom c, Insulin und Concanavalin A) ergab in allen Fällen eine Erhöhung des Helixgehalts und ebenfalls deutlich geänderte Werte für den β-Strukturgehalt gegenüber den in den Originalarbeiten angegebenen Werten (Publikation in Vorbereitung). Mit diesen veränderten Werten für den „Sekundärstrukturgehalt" der einzelnen Proteine werden auch deutliche Unterschiede bei der Interpretation circular dichroitischer Messungen zur Bestimmung der Sekundärstrukturanteile in strukturell bisher nicht aufgeklärten Proteinen zu erwarten sein.

[1] Quiocho, F. A. and Lipscomb, W. N., Adv. Prot. Chem. **25** (1971) 1.

[2] Levitt, M. and Greer, J., J. Mol. Biol. **114** (1977) 181.

Biogramm Walter Friedrich[1]

1883	Am 25. Dezember als Sohn des Ingenieurs Carl Friedrich in Magdeburg geboren
1905	Abitur am Stephaneum-Gymnasium in Aschersleben/Harz
1905–1911	Student der Physik in Genf und München
1911	Promotion zum Dr. phil. bei Wilhelm Konrad Röntgen über „Intensitätsverteilung der x-Strahlen, die von einer Platinantikathode ausgehen"
1911–1912	Mitarbeiter Röntgens
1912–1914	Assistent am Institut für theoretische Physik an der Universität München bei A. Sommerfeld. Zusammen mit Max von Laue und Paul Knipping Entdeckung der Interferenzerscheinungen bei Röntgenstrahlen
1914	M. v. Laue tritt einen Teil seines Nobelpreises für Physik an W. Friedrich ab
1914–1922	Assistent an der Universitäts-Frauenklinik Freiburg i. Br. bei B. Krönig. Untersuchungen über die medizinische Verwendung von Röntgen- und Radiostrahlen
1917	Privatdozent für Physik an der Universität Freiburg i. Br.
1918	Zusammen mit B. Krönig Veröffentlichung „Die biologischen und physikalischen Grundlagen der Strahlen-Therapie"
1919	„Über die Bedeutung des Dosimeterverfahrens für die Beantwortung biologischer Fragen der Strahlentherapie"
1921	Ernennung zum außerordentlichen Professor der Universität Freiburg i. Br.
1922	Gastvorlesungen auf Einladung der Universität Granada
1922	Abteilungsvorsteher an der Universitäts-Frauenklinik in Freiburg i. Br.
1922	Ruf als Ordinarius für medizinische Physik an die Universität Berlin

[1] Zusammengestellt von Eva Beck, Zentrales Archiv der AdW der DDR.

1923	Bestallung als ordentlicher öffentlicher Professor für medizinische Physik und Direktor des Instituts für Strahlenforschung an der Universität Berlin
1923	Gastvorlesung an der Universität Barcelona
1925	Teilnahme am I. Internationaler Kongreß für Radiologie in London
1927	Veröffentlichung „Physikalische Grundlagen der Radiumtherapie"
1928	Präsident der deutschen Röntgengesellschaft
1928	Teilnahme am II. Internationalen Kongreß für Radiologie in Stockholm
1929	Dekan der Medizinischen Fakultät der Universität Berlin
1930	Präsident der deutschen Gesellschaft für Lichtforschung
1931	Teilnahme am III. Internationalen Kongreß für Radiologie in Paris
1931	Veröffentlichung „Die Wirkungen des Lichtes auf den menschlichen Organismus"
1932	Teilnahme am II. Internationalen Kongreß für Lichtforschung in Kopenhagen und am Internationalen Kongreß für physikalische Therapie in Lüttich
1933	Veröffentlichung „Strahlungsklima der Großstadt"
1934	Teilnahme am IV. Internationalen Kongreß für Radiologie und an der Tagung des Comité International de la Lumière in St. Moritz
1935	Veröffentlichung „Änderungen der Erbanlage durch ultraviolettes Licht"
1936	Präsident des III. Internationalen Kongresses für Lichtforschung in Wiesbaden
1936	Ehrenpräsident des Comité International de la Lumière
1937	Teilnahme am V. Internationalen Kongreß für Radiologie in Chicago
1937	Korrespondierendes Mitglied der Österreichischen Röntgen-Gesellschaft für Strahlenforschung
1937 u. 1938	Tagungen des Comité Internationale de la Lumière in Paris und Turin
1939	Veröffentlichungen „Physikalische und biologische Bewertung therapeutischer Lichtquellen" und „Die wissenschaftlichen Grundlagen der heutigen Elektromedizin"
1947	Vortrag auf dem Radiologen-Kongreß in Bevensen „Licht als kancerogenes Agens"
1947	Ernennung zum Direktor des Instituts für Medizin und Biologie der Deutschen Akademie der Wissenschaften, Berlin-Buch

1949	Am 25. März Wahl zum Ordentlichen Mitglied der Deutschen Akademie der Wissenschaften zu Berlin
1949	Ernennung zum Rektor der Humboldt-Universität Berlin
1949	Mitglied des wissenschaftlichen Senats beim Ministerium für Volksbildung
1949	Wahl zum Abgeordneten der provisorischen Volkskammer
1950	Vorsitzender des Deutschen Komitees der Kämpfer für den Frieden
1950	Nationalpreis II. Klasse
1951	Am 19. April Wahl zum Präsidenten der Deutschen Akademie der Wissenschaften zu Berlin (bis 1956)
1953	Hervorragender Wissenschaftler des Volkes
1954	Verleihung des Vaterländischen Verdienstordens in Gold
1955	Mitglied der Société Européenne de Culture
1956	Vizepräsident der Deutschen Akademie der Wissenschaften
1957	Verleihung der Euler-Plakette der Akademie der Wissenschaften der UdSSR
1958	Goethe-Preis; Arthur-Becker-Medaille in Gold; Ernst-Moritz-Arndt-Medaille
1959	Emeritierung
1963	Carl-von-Ossietzky-Medaille
1964	Held der Arbeit; Ehrenring der Deutschen Demokratischen Republik, Joliot-Curie-Medaille des Weltfriedensrates
1950–1968	Präsident des Deutschen Friedensrates
	Vizepräsident des Weltfriedensrates
	Mitglied des Präsidiums der Deutschen Akademie der Wissenschaften zu Berlin
	Präsident des Medizinisch-Biologischen Forschungszentrums in Berlin-Buch
	Professor mit Lehrstuhl für medizinische Physik und Strahlenkunde (emeritiert)
	Direktor des Instituts für Strahlenforschung der Humboldt-Universität zu Berlin
	Mitglied des Forschungsrates der DDR
	Mitglied des Präsidialrates des Deutschen Kulturbundes
	Mitglied der Bulgarischen Akademie der Wissenschaften
	Ehrenmitglied der Ungarischen Akademie der Wissenschaften
	Ehrenmitglied der Postgraduated Medical Association of North America
	Ehrenpräsident und Ehrenmitglied zahlreicher wissenschaftlicher Gesellschaften
1968	Am 16. Oktober Tod nach längerer Krankheit

Autorenverzeichnis

Helmut Abel, Prof. Dr. sc. nat., Zentralinstitut für Molekularbiologie der Akademie der Wissenschaften der DDR

Eva Beck, Archivar, Zentrales Archiv der Akademie der Wissenschaften der DDR

Günter Drefahl, Ordentliches Mitglied der Akadmie der Wissenschaften der DDR, Präsident des Friedensrates der DDR

Klaus Eckoldt, Prof. Dr. sc. nat., Humboldt-Universität zu Berlin, Bereich Medizin (Charité)

Ernst Höhne, Prof. Dr. rer. nat. habil., Zentralinstitut für Molekularbiologie der Akademie der Wissenschaften der DDR

Robert Rompe, Ordentliches Mitglied der Akademie der Wissenschaften der DDR

Werner Scheler, Ordentliches Mitglied der Akademie der Wissenschaften der DDR, Präsident der Akademie der Wissenschaften der DDR

Paul Wandel, Dr. h. c., Vizepräsident der Liga für Völkerfreundschaft der DDR

ISSN 0138–3965

FSC
www.fsc.org
MIX
Papier | Fördert gute Waldnutzung
FSC® C083411

Kolibri 360 GmbH
Ferdinand-Jühlke-Straße 7
99095 Erfurt, Deutschland
produktsicherheit@kolibri360.de